Der Gebrauchshund-Jährling

Sicher durch die Anlagenprüfungen

CARL UND
UWE TABEL

blv

Was Sie in diesem Buch finden

Vorwort

Jeder Jagdhundeführer möchte mit seinem jungen Hund die Anlagenprüfungen im Frühjahr und Herbst mit möglichst guten Ergebnissen absolvieren. Beim heutigen Stand der Jagdhundezucht schlummern in fast allen Hunden die erforderlichen Anlagen zum Bestehen einer Anlagenprüfung. Das allein genügt jedoch nicht. Vielmehr müssen die Anlagen zielgerichtet entwickelt, gefördert und gegebenenfalls auch durch die entsprechende Ausbildung des Welpen beziehungsweise Junghundes gezügelt werden. Nicht der »rohe«, sondern der sachgerecht ausgebildete und geführte Hund bringt seine Anlagen am besten zur Geltung, so wie auch der Jungfuchs auf die »Ausbildung« durch die Fähe angewiesen ist, um selbstständig Mäuse fangen zu können.

»Man sieht selten einen guten Führer mit einem schlechten Hund, aber sehr häufig einen schlechten Führer mit einem gut veranlagten Hund.« So schrieb mein Vater, Carl Tabel, im Vorwort der letzten Auflage. Mit diesem Buch sollen Hilfen und Anregungen gegeben werden, den Weg aus Unsicherheit oder Unerfahrenheit zu zielführender Sachbehandlung zu finden. Dem Konzept liegt die Erfahrung vieler Jahrzehnte zugrunde.

1984 erschien »Der Gebrauchshund-Jährling« in siebter und seither letzter Auflage. Angesichts der einschneidenden Änderungen in der Verbands-Zuchtprüfungsordnung (VZPO) hat mein Vater, nicht zuletzt aufgrund fortgeschrittenen Alters, von einer Aktualisierung abgesehen.

In den letzten Jahren bin ich vielfach angesprochen worden, ob »Der Gebrauchshund-Jährling« noch verfügbar sei. So habe ich mich zu dieser Neubearbeitung entschlossen. Eine unveränderte Tatsache ist jedoch, dass der gehorsame Hund seine jagdlichen Anlagen am besten zeigen kann, wenn die Zusammenarbeit zwischen Führer und Hund von gegenseitigem Verstehen geprägt ist. Dem Weg der Gehorsamsausbildung werden darum besondere Ausführungen gewidmet.

Die Erziehung des Welpen ist in die Neubearbeitung aufgenommen. Die Entwicklung seines Wesens und seiner jagdlichen Anlagen wird dadurch enorm positiv beeinflusst.

Aufgeschlossenheit gegenüber neuen Erkenntnissen der Verhaltensbiologie sowie guten Erfahrungen ist selbstverständlich. Sie wurden und werden hinsichtlich ihrer zielorientierten Tauglichkeit überprüft und im positiven Falle übernommen. Abgesehen vom Vorstehen und von der Suche im Feld gelten die Empfehlungen in diesem Buch auch für Jagdhunde, die nicht zu den Vorstehhunden gehören. Die Bebilderung ist erneuert und erweitert worden. Sie veranschaulicht das geschriebene Wort. Den Bildautoren gilt mein Dank, insbesondere Herrn Axel Brachat, der für den wesentlichen Teil der Bilder die Kamera führte.

Uwe Tabel
Annweiler

Allgemeines zur Anlagenprüfung

Aus jagdkynologischer Sicht dienen Anlagenprüfungen in erster Linie der Zuchtkontrolle. Die Prüfungsergebnisse der jungen Hunde lassen auf den Zuchtwert der Elterntiere schließen. Bei Zuchtplanungen sind die Anlagenprüfungs-Ergebnisse der Nachkommen Entscheidungshilfen bei der Partnerwahl für zukünftige Würfe. Deshalb sollten möglichst alle Nachkommen einer kontrollierten Zuchtverbindung auf den Anlagenprüfungen geführt werden. Es ist die Aufgabe des Ausbilders und Führers, die Anlagen des Zöglings rechtzeitig zu wecken und zielführend zu fördern.

Zwar bewirkt eine gute Vorbereitung keine Verbesserung der Anlagen, sie trägt aber dazu bei, die vorhandenen Anlagen optimal zu entwickeln. Das liegt sowohl im Interesse des Hundeführers als auch der Zucht.

Zudem ist mit der Prüfungsvorbereitung ein großer Vorteil für den praktischen Jäger verbunden. Wer seinen Hund auf Anlagenprüfungen führen will und ihn somit entsprechend vorbereitet, beschäftigt sich notgedrungen viel intensiver mit seinem Zögling, führt ihn überlegter und rechtzeitig sachgemäßer, als wenn dieses Ziel fehlt. Im Übrigen lernt jedermann hinzu, während der Vorbereitung, durch andere Führer, durch die Richter und durch die eingehende Behandlung des vor und bei den Prüfungen üblichen Gesprächsthemas »Hund«.

Prüfungsgruppe einer Verbands-Jugend-Prüfung (VJP)

Das Welpenalter

Die Erkenntnisse der Verhaltensbiologie lehren, dass das Dasein des Welpen sich nicht auf Nahrungsaufnahme und Schlaf beschränkt. Vielmehr formen vom Lebensbeginn an einwirkende Umwelteinflüsse die Entwicklung seiner Verhaltensmuster in besonderer Weise. Das folgende Kapitel zeigt, auf was es in dieser Phase besonders ankommt und wie man seinen Welpen bestmöglich auf seine späteren Aufgaben vorbereiten kann.

Frühzeitige Förderung des Welpen

Was der Hund als Welpe lernt, insbesondere im Lebensalter von 3 bis 16 Wochen, begleitet ihn sein Leben lang. Das Erlernte und Erlebte, Positives wie Negatives, prägt den Welpen in einer Weise, die seine zukünftigen Verhaltensmuster beeinflussen werden. Insofern ist Negatives zu vermeiden, Positives hingegen zu verstärken. Die Förderung der Anlagen im Welpenalter bietet ein enormes Potenzial als Vorbereitung auf seinen »Beruf« als Jagdhund!

Für erste Grundlagen sorgt der seriöse Züchter. Er ist unter anderem dafür verantwortlich, dass der Welpe den Menschen als Sozialpartner in sein Verhaltensmuster integriert. Wenn der Welpe drei Wochen alt ist, beginnt er sein Wurflager zu verlassen und das Umfeld zu erkunden. Spätestens ab diesem Zeitpunkt sucht der Züchter regelmäßigen Körperkontakt zu den Welpen und lässt bald auch weitere Menschen die Welpen streicheln. So wird der Mensch dem Welpen, zunächst über seinen Geruchssinn, als Sozialpartner »vorgestellt«. Wird diese Prägung versäumt, ist ein dauerhafter Bindungsverlust zum Menschen die Folge.

Der verantwortungsbewusste Züchter züchtet ausschließlich mit einer wesensstabilen, instinktsicheren Hündin und in einem räumlichen Umfeld, in dem die Welpen ihre artspezifischen Bedürfnisse (Neugier, Erkundungsdrang) weitgehend ausleben können. Mit Ende der dritten

Vom kontrollierten Kontakt zwischen Menschen- und Hundekindern profitieren Zwei- und Vierbeiner, wie dieses Bild anschaulich demonstriert.

Lebenswoche will der Welpe das »Nest« (Wurfhütte oder -kiste) verlassen. Daran darf ihn keine nennenswerte Barriere hindern! Im geräumigen Zwinger, der gewachsenen Boden mit einschließt, erweitert er täglich seinen Erkundungsradius. Schließlich muss ihm auch die tägliche Möglichkeit eröffnet werden, zumindest zeitweise die Zwingergrenzen nach seinem Belieben zu überschreiten. Ab der siebten Lebenswoche erschließen tägliche Reviergänge mit dem gesamten Wurfverband in wechselnder Umgebung kontinuierlich die Erfahrungswelt der Welpen und fördern deren Selbstsicherheit. Ein guter Start für das Jagdhundeleben wird somit gewährleistet.

Das Erfahrungsangebot für den Welpen ist umso reichhaltiger, je vielfältiger die Umweltbedingungen sind. Insofern sind Welpen aus dem Wurfzeitraum Februar bis etwa Juni gegenüber nennenswert früher geworfenen Welpen im Vorteil! Die allseits »pulsierende« Natur ist für den Welpen der bessere Lehrmeister als der Winter mit nasskalter Witterung und Vegetationsruhe. Die Vielfalt der Gerüche im Frühjahr beeindruckt und prägt das Nasentier Hund in besonderer Weise für seine späteren Aufgaben als qualifizierter Jagdhund. Auch für die Wassergewöhnung ist die wärmere Jahreszeit von Vorteil.

Die Meinung, dass Hunde aus Herbst- und frühen Winterwürfen einen Entwicklungsvorsprung bezüglich der Jugendprüfungen bekämen, ist schlicht irrig, das Gegenteil ist aus vorgenannten Gründen der Fall. Der am Erwerb eines Welpen interessierte Jäger sollte die vorstehenden Erwägungen in seine Entscheidung einfließen lassen.

»Lernen« nannte der kanadische Künstler Benjamin Chee Chee seine Zeichnung: Symbol für das Lernen vom Vorbild.

Vertrauensbildung

Das Alter von acht Wochen ist der beste Zeitpunkt für die Übernahme des Welpen. Die Ausbildung durch den Hundeführer beginnt unmittelbar danach, das heißt, andere Zeitplanungen sollten hintenangestellt werden. Unter gar keinen Umständen darf der Welpe ohne tägliche und lange Kontakte mit seinem Herrn seine Jugend im Zwinger allein vertrauern. Damit beide sich als Teil des kleinen Rudels verstehen lernen, ist dem Welpen zuerst zu vermitteln, dass er in seinem Führer die zuverlässige Geborgenheit, sein »Urvertrauen«, findet. Der Führer füttert den Welpen stets selbst, spielt mit ihm »auf Augenhöhe«, lässt ihn an der Reizangel jagen und bei unmittelbarem Körperkontakt bei sich Entspannung finden. Der Schritt von der Übernahme des Welpen bis zu seinem vollen Vertrauen zum Führer dauert bei einfühlsamer Handhabung nur wenige Tage.

Spielen, spielen, spielen …

Das Spielen ist ein verhaltensbiologisches Grundbedürfnis des Welpen. Es dient insbesondere seiner Wesensbildung.

Erste Begegnung dreier Welpen bei einem Früherziehungs-Lehrgang: Jagdterrier, Rauhaarteckel und Deutsch-Drahthaar.

Der Führer selbst sollte sich mit Freude dazu »herablassen« und während einiger Minuten täglich mit dem Welpen »auf Augenhöhe« spielen. Das ist insofern wörtlich gemeint, als der Führer sich selbst auf den Boden legt und den Welpen zum Spielen auffordert. Allerdings soll er dabei sorgsam die Antriebsintensität des Welpen beobachten und das Spiel beenden, **bevor** der Welpe Ermüdungserscheinungen zeigt. Die Autorität des Führers muss bestehen bleiben. Jeder Züchter kann die Beobachtung machen, wie die Mutterhündin in gleicher Weise ihre Autorität über ihren Wurf wahrt.

Kontakt zu Artgenossen

Regelmäßige Begegnungen mit anderen Welpen ähnlichen Entwicklungsstandes und/oder anderen Hunden mit spannungsfreiem Verhalten dienen der Entfaltung des so wichtigen Spieltriebes und der Ausbildung zum stabilen Wesen. Wenn der eben acht Wochen alte Welpe als Neuling zu einer Spielgruppe kommt, ist besonders darauf zu achten, dass das zunächst verunsicherte Hundekind von einem anderen nicht zu dominant-aggressiv behandelt wird. In so einem Fall sollte der Hundeführer/Trainer eingreifen und vorübergehend den dominanten Welpen vom eigenen Hund wegnehmen. Das gemeinsame Spiel soll möglichst ausgeglichen, das heißt beidseitig offensiv und ohne ausgeprägte Dominanz des einen Welpen oder Junghundes, erfolgen. So wird die Selbstsicherheit des Neulings rasch wachsen und er wird in kürzester Zeit selbst die Initiative ergreifen und zu einem voll integrierten Mitglied in der Spielgruppe werden.

Den Welpen mit seiner Umwelt vertraut machen

Der Welpe muss auch lernen, anderen Menschen ohne Scheu oder gar Aggression zu begegnen, ohne seinen Führer als die wichtigste Bezugsperson in seinem Empfinden zu verlieren. Insgesamt geht es um die gesunde Wesensentwicklung des Hundes. Die leider nicht selten festzustellende Wesenslabilität (Wesensschwäche) ist häufig nicht (allein) genetisch bedingt, sondern Folge von Versäumnissen und Fehlern bei der Welpenerziehung. Dazu gibt es zwischenzeitlich hinreichend Literatur (siehe Seite 141). Die Nutzung fachlich seriös geführter »Welpenlern- und -erziehungstage« wird empfohlen.

Die beiden Welpen mögen einander, wie das gemeinsame Spiel zeigt.

Unterordnung

Wenngleich das Spielerische beim Welpen im Vordergrund steht, muss er gleichzeitig seinem Wesen entsprechend lernen, wo sich sein Platz in dem kleinen Rudel befindet. Der Welpe lernt einfache Unterordnungsübungen (siehe nachfolgender Text), die der Festigung der Rangordnung dienen, ohne dass das Urvertrauen zum Führer beeinträchtigt wird.

Es ist eine biologische Tatsache: Je ausgeprägter die jagdlichen Veranlagungen des Hundes, desto schwerer ordnet er sich unter! Der jagdlich hochveranlagte Hund ist in der Regel zunächst ein unbequemer Hund. Das Bedürfnis zum Jagen, zum Beutemachen steht im Gegensatz zur Bereitschaft, sich unterzuordnen. Erst die angemessene Einordnung in die Rudelhierarchie macht ihn zu einem wertvollen Sozial- und Jagdpartner! Deshalb muss frühzeitig und mit besonderem Einfühlungsvermögen mit Unterordnungsübungen begonnen werden. Der Welpe darf dabei nicht anderweitig abgelenkt sein.

Druck ist nötig

Es sei ausdrücklich darauf hingewiesen, dass weitere Unterordnungsübungen unter leichter, aber sorgfältig bemessener Zwangseinwirkung erfolgen. Während einiger Minuten wird jeweils nur ein Teil der Übungen durchgeführt. Beim nächsten Mal kommen andere Übungen an die Reihe. Der Welpe darf niemals überfordert werden.

Herankommen

Das Herankommen wird dem Welpen zum freudigen Erlebnis, wenn er mit stets gleichem Ruf oder Pfiff vom Führer aufgefordert wird und bei ihm dann ein eindrucksvoll freudvolles Ereignis erfährt. So ist beispielsweise das Füttern für den hungrigen Welpen ein solches Ereignis. Aber auch das kurze Spielen mit dem Führer oder das Jagen an der Reizangel wirken in gleicher Weise auf den Welpen. Wichtig ist allerdings, dass der Führer die innere Bereitschaft des Welpen richtig einschätzt, damit das eindrucksvolle Ereignis in dessen Wahrnehmung auch als Belohnung ankommt! So ist das weitläufig empfohlene Leckerli nur dann wirksam, wenn der Welpe zum einen wirklich hungrig, zum anderen nicht anderweitig abgelenkt ist.

An der Leine laufen

Das Führen an der Leine ist eine der ersten Unterordnungsübungen. Zur Gewöhnung trägt der Welpe zunächst wenige Tage lang eine einfache Lederhalsung. Wenn diese erstmalig mit der Leine verbunden wird und der Führer sich damit in Bewegung setzt, stemmt sich der Zögling in der Regel dagegen. Der Führer zieht ihn ohne Hast mit sich und lobt ihn unaufgeregt beim erstmaligen Nachgeben, geht dann weiter, sodass der Vorgang, je nach Verhalten des Welpen, mehrfach wiederholt wird. Normalerweise erkennt es das Hundekind nach kurzer Zeit als Vorteil, dem Führer ohne Widerstreben zu folgen.

»Sitz«

Mit dem Kommando »Sitz« hält die eine Hand den Welpen über die kurz gefasste Leine vorn aufrecht, während die andere Hand seine Hinterhand niederdrückt. Sobald der Welpe keinen Gegendruck ausübt, wird die Zwangseinwirkung vorsichtig gelöst, kurz gewartet und gelobt.

Mit der Verlängerung der Dauer des Abwartens in kleinen Schritten und wiederholtem »Sitz«-Kommando lernt der Welpe rasch die Bedeutung des Kommandos und wird diesem bald auch ohne Zwangseinwirkung Folge leisten. Im nächsten Schritt wird das Sichtkommando, der erhobene Zeigefinger, mit dem Lautkommando gegeben. Hat der Welpe den Zusammenhang begriffen, kann der Hundeführer zunächst das Sichtzeichen und dann das Lautzeichen geben.

Nach einiger Zeit wird der Welpe sich dann allein auf das Sichtzeichen hin setzen. Das Lob nach jedem Erfolgsverhalten darf nie vergessen werden!

Andere Lehrmeinungen bevorzugen die zwangsfreie Ausbildung. Dabei steht der Führer mit dem Futterbröckchen in der Hand vor dem hungrigen Welpen, gibt das Kommando »Sitz« und wartet ab. Bald wird der Welpe sich setzen und ihm augenblicklich das Bröckchen gereicht. So lernt der Welpe die Bedeutung des Kommandos. Beide Verfahren können kombiniert werden. Es sei aber nochmals betont, dass der Jagdhund angesichts seiner jagdrelevanten Antriebsstärke schließlich immer der Zwangseinwirkung bedarf, um seine Verhaltensweisen im Sinne der Gemeinsamkeit mit dem Führer zu koordinieren. Wenn er als Welpe die einfühl-

Um dem Welpen »Sitz« beizubringen, wird er vorn hochgehalten und hinten hinuntergedrückt.

Der Welpe hat gelernt, sich allein auf das Sichtkommando zu setzen.

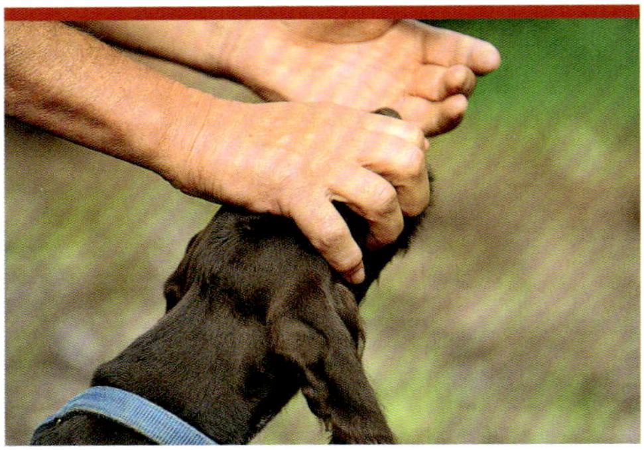

Dulden der Hand: Die Hand über dem Fang übt mit den Fingern Druck auf die Lefzen aus, …

… die andere Hand mit der Handfläche nach oben im Fang, Daumen über dem Nasenrücken.

Der Teckel-Welpe hat das Dulden der Hand begriffen.

same und zugleich konsequente Zwangseinwirkung durch den Führer bereits kennengelernt hat, dann ist ein wesentlicher Grundstein für die spätere Grundausbildung gelegt.

Dulden der Hand

Mit einer weiteren Unterordnungsübung soll der Welpe lernen, die Hand beziehungsweise zwei bis drei Finger des Führers ruhig in seinem Fang zu dulden. Dieses »Dulden der Hand« im Fang, ist gleichzeitig eine ausgezeichnete Vorübung für die spätere Apportierausbildung.

Der Welpe sollte für diese Übung das »Sitz« bereits gelernt haben. Unter dem Kommando »Apport« wird der Welpe durch leichten Druck auf die Lefzen mit Daumen und Mittelfinger dazu veranlasst, den Fang zu öffnen. In diesem Moment wird der Druck augenblicklich gelöst und der Führer führt den kleinen Finger und Ringfinger der nach oben geöffneten anderen Hand bis hinter die Fangzähnchen ein.

In der Regel wird der Welpe die Finger zunächst »ausspucken« wollen. Das wird verhindert, indem die erste Hand am Hinterkopf bleibt und der Daumen der anderen Hand über den Oberkiefer greift. Sobald der Welpe seinen Widerstand aufgibt, wird die Hand unter dem Kommando »Laaass« langsam aus dem Fang gezogen und der Welpe gelobt. Im Verlauf weiterer Übungen wird die Dauer des Duldens quasi im Sekundentakt verlängert, bis der Welpe die Hand beziehungsweise die Finger ohne weitere Unterstützung während mehrerer Sekunden entspannt im Fang duldet.

Demutshaltung

Das Unterwerfen in die »Demutshaltung« entspricht dem Verhalten des Welpen, wenn er von der Mutterhündin oder einem anderen (wesensstabilen!) Hund diszipliniert wird. Durch die erlebte Autoritätsdemonstration ergibt sich keinerlei Vertrauensverlust, was vom Führer sinnvoll genutzt werden kann. Der Welpe wird durch eine schnelle Bewegung auf den Rücken gelegt und mit einer Hand am Boden gehalten, indem die drei mittleren Finger am Hals, deren Spitzen nahezu den Unterkiefer berühren, Daumen und kleiner Finger jeweils seitlich daneben und die Handfläche auf der Brust liegen. Dabei wird nicht gelobt, vielmehr die Lage strikt kontrolliert, bis der Welpe ruhig und ergeben liegt. Sowie er seinen Widerstand aufgibt, wird er erlöst und wieder zum Spielgefährten.

Die Dauer der »Demutslage« wird schrittweise bis zu etwa 10 Sekunden verlängert, wonach der Welpe wieder völlig entspannt und frei mit dem Führer spielt. Die gelernte Übung dient der wirksamen Disziplinierung in verschiedener Weise: Beispielsweise beim unkontrollierten Zerren oder Lautgeben an der Leine oder im Rahmen der Platzzuweisung in der Wohnung, wie auch beim aggressiven Nachschnappen, wenn der Führer die »Beute« (etwa einen Knochen) für sich beansprucht.

Platzzuweisung und Platzverweigerung im Haus

Der im Haus gehaltene Welpe soll lernen, sich an eine gewisse Ordnung beziehungsweise Aktivitätseinschränkung zu halten. Dazu zählt, dass ihm ein besonderer und nicht zuletzt auch attraktiver Liegeplatz (zum Beispiel eine Sauschwarte oder ein Korb mit Decke) zugewiesen wird. Es wird empfohlen, die anstehenden Übungen zunächst nach einer Aktivitätsphase des Welpen zu machen, etwa nach einem Spaziergang oder einer Spielphase. Das danach vorhandene Ruhebedürfnis erleichtert den Beginn. Für die Übungen ist geduldige Konsequenz seitens des Führers nötig. Unter dem Kommando »Platz« wird er im Liegekorb in die Liegehaltung gedrückt und bei Wohlverhalten unaufgeregt-leise gelobt. Die ersten Schritte bis zum widerstandsfreien Liegen sind in der Regel zügig geschafft. Die Verweildauer wird Schritt für Schritt ausgedehnt. Beim Ansatz zum Platzverlassen wirkt der Führer umgehend ein, indem er den Welpen unter gleichzeitigem »Platz«-Kommando wieder niederdrückt.

Zugleich soll der Welpe erfahren, dass für ihn keine Narrenfreiheit in der gesamten Wohnung besteht. Der Zugang zu bestimmten Räumen

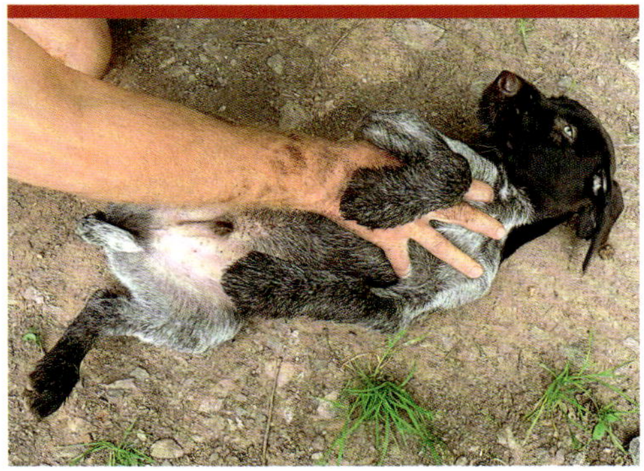

Demutslage: Hand auf der Brust, drei Finger am Hals, Daumen und kleiner Finger beidseits.

(etwa Küche, Schlafzimmer etc.) oder Möbelstücken (Sofa, Sessel) wird ihm mit dem Kommando »Raus« beziehungsweise »Runter« und gleichzeitigem Klaps verwehrt. Bei Einwirkung im Ansatz seines »Fehlverhaltens« und zuverlässiger Konsequenz durch den Führer lernt der Welpe sehr schnell, ohne dass sein Vertrauensverhältnis beeinträchtigt wird. Im Gegenteil, zuverlässige Konsequenz des Führers ist für den Hund von ausgesprochen vertrauenspflegender Wirksamkeit!

Stubenreinheit

Wenngleich es auch nicht unmittelbar zur Unterordnung gehört, soll an dieser Stelle auch die Stubenreinheit angesprochen werden. Der Welpe muss zuerst im Stundentakt, dann in zunehmend längeren Abständen nach draußen geführt werden, um dort nässen beziehungsweise sich lösen zu können. Bald werden die Zeitabstände verlängert, sodass der Welpe lernt, sein Bedürfnis durch Unruheverhalten, das individuell unterschiedlich sein kann, zum Ausdruck zu bringen, um sofort nach draußen zu kommen. Der Führer muss den Hund sorgsam beobachten und konsequent handeln. Wichtig: Der Welpe sollte draußen immer auf gewachsenem und nicht auf »versiegeltem« Boden sein Geschäft erledigen können. Damit wird der Welpe von Beginn an auf natürliche Untergründe geprägt, was die Stubenreinheit erleichtert.

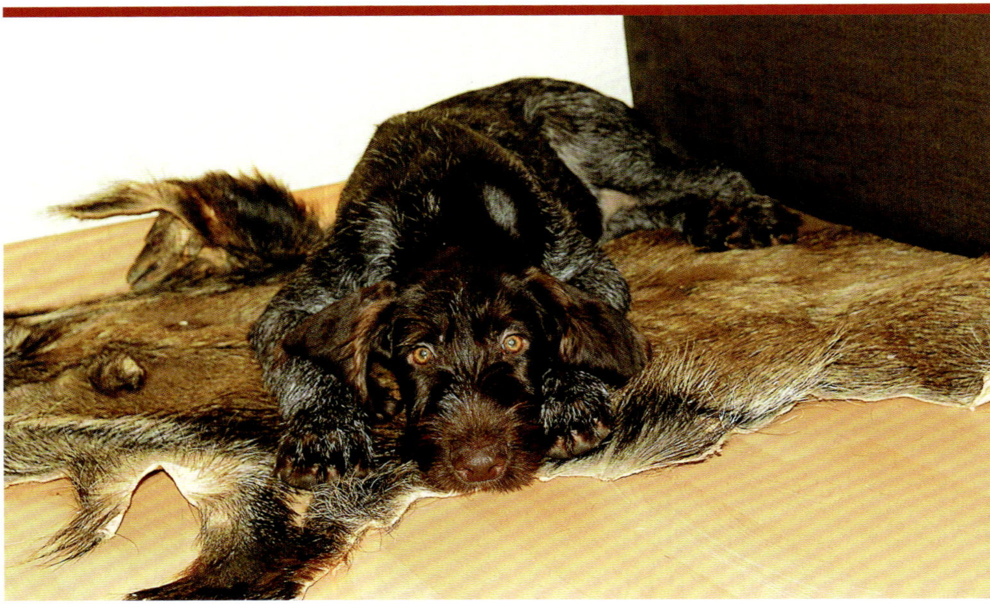

Der 14 Wochen alte Drahthaar-Welpe akzeptiert seinen ihm zugewiesenen Platz im Wohnzimmer auf der Sauschwarte neben dem Sofa.

Förderung der jagdlichen Anlagen

Bei allen Spaziergängen und Reviergängen sollte der frei laufende Welpe dabei sein. Die Nase ist für den Hund das wichtigste Wahrnehmungsorgan. In der ihm angeborenen Neugier untersucht der Welpe aus der Fülle der Geruchsquellen alle interessanten Einzelheiten und lernt bereits früh, das für ihn Wesentliche vom Unwesentlichen zu unterscheiden. Der Geruch der Wildtiere verschiedener Art wird ihm geläufig und zunehmend interessant, wenn er für dieses Interesse auch die Aufmerksamkeit seines Führers erfährt. Bald lernt er, dem Verlauf einer Fährte oder Spur über ein paar Meter zu folgen. Wenn er dabei auch noch das unterstützende Interesse seines Führers findet, ist das für ihn ein wichtiger Schritt zu gemeinsamem Jagen. Kurzum, für den Gebrauch der Nase sind dem Welpen alle möglichen Gelegenheiten anzubieten, sodass er sie zunehmend souverän zu nutzen lernt. Solche Erfahrungen im Welpenalter sind für den Jagdhund hinsichtlich seiner Wesensentwicklung und allgemeinen Reife außerordentlich wertvoll.

Solange er den Jagdablauf nicht stört, dürfen und sollen Welpe und Junghund bei freiem Lauf am Beutemachen teilhaben. Erst wenn die Lust am Jagen die Bindung zum Führer zu überlagern droht, wird diese Teilhabe eingeschränkt. Der Hund kommt an die Leine und muss zunächst die Gehorsams-Grundausbildung durchlaufen.

Hindernisse leicht genommen

Bewusst werden mit dem Welpen immer wieder »unbequeme« Wege eingeschlagen, steile Wegböschungen hinauf und hinab, über quer liegende Stämme, durch Aufwuchs von Brombeere und Brennnessel, über beziehungsweise durch kleine Wasserläufe, durch hohes Wiesengras und anderes mehr. Der Fantasie sind keine Grenzen gesetzt. Allerdings muss dem jeweiligen Entwicklungsstand des Hundekindes Rechnung getragen werden. Es muss stets die

Der Gebrauch der Nase, wichtigstes Orientierungsorgan, muss vielseitig ausgebildet werden.

Der knapp acht Wochen alte Welpe hat gelernt, das Hindernis Wasser zu überwinden.

Führerfährte: Die neutrale Hilfsperson hält den Welpen, der Führer »verabschiedet« sich …

… und verschwindet dann durch den Waldrand im Unterholz.

Der Welpe schaut seinem Hundeführer dabei sehnsüchtig hinterher.

Erfahrung machen, das Hindernis aus eigener Kraft überwunden zu haben. Direkte Hilfen sind zu unterlassen! Vielmehr wird der Schwierigkeitsgrad so gewählt, dass diese Erfahrung der selbstständigen Überwindung garantiert ist. Auf diese Weise lernt der wesensstabile Welpe aufgrund seines Folgedranges zum Führer sehr zügig, die sachgerecht angebotenen und kontinuierlich schwierigeren Hindernisse ohne nennenswerte Hemmungen zu überwinden.

Die Suche nach Nähe zum Führer soll der Welpe immer aus eigener Kraft erfolgreich abschließen. Allein das wirkt als zielführende Motivation und vermittelt Selbstsicherheit. Das gilt auch bei Übungen auf der Führerfährte, wobei der Welpe lernt, allein durch den Gebrauch der Nase den vertrauten Führer zu finden. Die Anforderungen dafür können bei Zuhilfenahme einer anderen Person in zügiger Folge gesteigert werden. Beginnend mit wenigen Metern werden die Anforderungen kontinuierlich erhöht. Ist eine Stufe gemeistert, folgt die nächste. Wenn mit dem acht Wochen alten Welpen begonnen wird, kann der 13 Wochen alte Welpe die Führerfährte über mehrere hundert Meter und reichlich eingelegten Haken souverän ausarbeiten. Die Führerfährte vermittelt neben dem Nasengebrauch die allgemeine Selbstsicherheit des Hundekindes.

Der Welpe wird sowohl nach der Überwindung von Hindernissen als auch nach erfolgreichem Abschluss auf der Führerfährte vom Führer stets freundlich empfangen. Überschwängliche Lobeshymnen sind unsinnig, denn allein die Erleichterung, beim Führer wieder unmittelbaren Anschluss gefunden zu haben, beeindruckt ihn stark, positiv und nachhaltig.

Ist der Hundeführer außer Sicht, wird der schon ungeduldig auf die Freilassung wartende Welpe von der Hilfsperson abgesetzt, …

… um endlich mit tiefer Nase die Verfolgung der Führerfährte aufnehmen zu können. Beim Führer angekommen, wird der Welpe freundlich in Empfang genommen.

Reizangel als Motivationsgeber

Die Reizangel ist ein sehr vielseitig und wirksam anwendbares Hilfsmittel, wenn der Welpe auf das Jagen an der Reizangel geprägt ist. Sie dient dann zum einen als Motivationsgeber für den Hund bei der Überwindung von Hemmungen und Auflösung von Stresssituationen. Zum anderen ist sie im Rahmen der Gehorsamsausbildung ein kontrollierbares Verleitungsinstrument.

Die Reizangel ist nicht nur ein außerordentlich zweckmäßiges, sondern auch preiswertes Hilfsgerät. Sie besteht aus einem ca. 2 m (später ca. 3 m) langen, wenig biegsamen Stock (zum Beispiel Hasel) mit einer etwa gleich langen Schnur, an deren Ende ein Beutestück fixiert ist. Letzteres soll vom Welpen leicht festgehalten werden können, das heißt, es soll weich und nicht zu groß sein. Zu Beginn genügt ein Stück aus einigermaßen festem Tuch.

Wenn der Führer die Reizangel in der Weise führt, dass das Beutestück sich auf dem Boden vom Welpen weg bewegt, löst das beim Hundekind den Trieb zum Hetzen aus. Sehr rasch wird es für den Welpen zu einem eindrucksvollen Lusterlebnis, wenn er seine Beute wiederholt hetzen, greifen und daran zerren kann. Nicht zuletzt können zaghaft veranlagte Hunde über derartige Übungen ihre Hemmung beim Zugreifen verlieren und an Selbstsicherheit gewinnen.

Der Welpe jagt passioniert an der Reizangel, mit welcher der Führer das »Beutestück« am Boden entlangführt.

Bei richtiger Anwendung prägt das Lusterlebnis den Welpen derart, dass er auch als erwachsener Hund bis zu seinem Lebensende eine große Freude beim Jagen an der Reizangel empfindet.

Um die Prägung zu gewährleisten, sind drei Voraussetzungen zu erfüllen:

1. Die regelmäßigen Übungen beginnen gleich nach der Übernahme des acht Wochen alten Welpen, nachdem er Vertrauen zum Führer gewonnen hat. Erste Grundlagen dazu kann übrigens der engagierte Züchter bereits im sieben Wochen alten Wurfverband schaffen.

2. Dem Welpen wird das Jagen an der Reizangel stets nur bei deutlicher Aktivitätsbereitschaft und zudem nie bei vollem Magen angeboten.

3. Das Ende der Übung bestimmt der Führer rechtzeitig, das heißt, bevor der Welpe Ermüdungserscheinungen oder nachlassendes Interesse zeigt: Das Ende wird konsequent dann bestimmt, wenn es für den Welpen am schönsten ist.

Nur so wird die nachhaltige Prägung erreicht, was die Reizangel für die Ausbildung so vielseitig anwendbar macht.

Ausgeben der Beute

Zunächst darf der Welpe, wenn er das Beutestück gegriffen hat, ausgiebig zerren. Bald aber kommt der Zeitpunkt, dass der Führer seinen Teil verlangt. Dazu greift er nach Ablegen des Stockes an der Schnur bis zum Welpen vor, fasst mit der einen Hand über den Fang, mit der anderen direkt das Beutestück und zwingt bei gleichzeitigem Kommando »Laaass« per Druck auf die Lefzen – je nach Zögling mehr oder weniger stark – den Welpen zum Öffnen des Fangs. Dabei darf es von Beginn an keinen langen Kampf geben, sondern der Führer muss sich unmittelbar durchsetzen.

Bald danach darf der Welpe wieder hetzen. So erkennt er rasch und ohne Verlust seiner Motivation die Autorität des Führers an. In der Regel gibt er auf Kommando bald freiwillig aus und hetzt danach wieder mit voller Passion.

Der Welpe darf mit dem Führer kurz »um das Beutestück kämpfen«, ...

... muss es dann aber seinem Rudelführer überlassen, der hier per Druck auf die Lefzen nachhilft.

Nach vehementem Jagen an der Reizangel hinter dem am Boden geführten »Beutestück« …

… fixiert der Welpe das plötzlich ruhig liegende Stück in Vorstehmanier, was der Führer mit dem Kommando »Hüüüüüt« begleitet.

Vielfältige Einsatzmöglichkeiten

Die Reizangel kann in vielfältiger Weise bei der Ausbildung und zur Entspannung des Hundes eingesetzt werden. Aus dem bunten Strauß der Anwendungsmöglichkeiten soll beispielhaft auf die Förderung einiger Anlagen des Welpen eingegangen werden, welche die spätere Bestimmung des Jagdhundes positiv unterstützen. Als **Motivationsgeber** erleichtert die Reizangel das Überwinden von Hindernissen. Beispielsweise lernt der Jagdhundwelpe, dem das Jagen oder Beutemachen im Blut liegt, über die Reizangel Hemmungen am und im Wasser zu überwinden.

Auch die Einwirkung für das **Vorstehen** kann so schon beim Welpen vorbereitet werden. Bei geschickter Führung der Reizangel, wobei das Beutestück plötzlich ruhig liegen bleibt, halten eine Reihe von Welpen in der Vorwärtsbewegung inne und fixieren in angespannter Vorstehmanier das Beutestück. Darauf reagiert der Führer umgehend mit einem beruhigenden »Hüüüüüt« oder ähnlichem, aber immer gleichem Kommando, das auch später im Feld beim Vorstehen benutzt wird. Der Führer versucht zudem, den Welpen mit der Hand ruhig und lobend zu berühren. Der Welpe verbindet auf diese Weise sehr bald das Kommando mit seiner Art des Verhaltens und wird darin im Verlauf weiterer Übungen gefestigt. Schließlich darf er wieder hetzen, was bei der Reizangel immer im Vordergrund steht. Bei Vorstehübungen im Feld ist diese Prägung auf das Kommando eine enorme Stütze.

Prägung auf bestimmte Wildarten

Anstelle des Tuches werden im Wechsel bald andere Beutestücke angeboten wie Fuchslunte, Krähe, Entenschwinge und andere. Das kann zugleich mit der Prägung des Welpen auf bestimmte Wildarten verbunden werden, die der Welpe dann auch als ausgewachsener Jagdhund bevorzugt. Beispielsweise hat der Verfasser seine Terrier – und das geht natürlich auch mit anderen Rassen – im Hinblick auf deren Aufgabe bei Bewegungsjagden im Wald erfolgreich auf Schwarzwild geprägt.

Prägung auf Schwarzwild

Wenn der Welpe die große Lust an der Reizangel erfahren hat, werden als Beutestück nur noch frische Teile einer Sau-(Frischlings-) Schwarte angeboten. Damit der Welpe auch diese gut greifen und festhalten kann, werden Stücke auf ca. 4 cm Breite und 20 cm Länge zurechtgeschnitten. Im Zeitalter der Gefriertruhe können hinreichend viele Stücke auf Vorrat gehalten werden. Ansonsten wird der Welpe und junge Hund von anderem erlegten Wild ferngehalten, allein am Schwarzwild darf er sich vergnügen. So ziehen diese Hunde später beim Stöbern die Sau jedem Reh vor.

Der Bracken-Welpe hat das an der Reizangel geführte Sauschwartenstück gepackt.

Scheu vor Wasser überwinden

Auch die Scheu vor Wasserflächen kann mithilfe der Reizangel (mit schwimmfähigem Beutestück) leichter überwunden beziehungsweise kann die Wasserfreude gefördert werden. Schritt für Schritt wird das Jagen an der Reizangel in Ufernähe, im Flachwasserbereich und schließlich im tiefen Wasser angeboten. Dabei muss der Welpe immer wieder zum Erfolg kommen, also die Beute greifen können. So überlagert und beseitigt schließlich die Lust am Beutemachen die Hemmung gegenüber dem Wasser. Mehrere Welpen können einander helfen, die Hemmung zu überwinden.

Vorstufe zum Gehorsam am Wild

Bei der späteren Gehorsamsausbildung findet die Reizangel äußerst wirksame Anwendung. Als Vorstufe für den Gehorsam am Wild dient sie als Ablenkungs- und Steuerungsmittel. Die intensive und lebenslange Lust des Jagens an der Reizangel kann nur aufrechterhalten werden, wenn die Grundlage im Welpenalter gelegt wurde! Spätere Versuche, den Hund in gleicher Weise für die Reizangel zu interessieren, sind nutzlos.

Durch gezielte Benutzung dieses primitiv erscheinenden Gerätes sind vom Welpen bis zum fertigen Althund weitere attraktive Übungen nahezu im Vorbeigehen möglich. So kann für den Althund schließlich auch tägliches Konditionstraining auf kleinstem Raum mit großem Nutzeffekt erfolgen. Es empfiehlt sich jedoch, alle Übungen auf weichem Boden durchzuführen, um Verletzungen angesichts überschäumender Hetzfreude des Hundes zu vermeiden.

Der Beuteneid motiviert verstärkt beide Welpen, das Wasser anzunehmen.

Motiviert durch die Reizangel, ergreift der Welpe im Flachwasserbereich das »Beutestück«.

Futterschleppe

Die sachgerechte Übung mit dem Welpen auf der sogenannten Futterschleppe hat eine Prägung zur Folge, die ihm spätere Aufgaben in Prüfung und Praxis erheblich erleichtert. Dazu gehört:

- die frühe Selbstsicherheit beim Nasengebrauch,
- die Gewöhnung, mit dem Führer am Schweißriemen beziehungsweise an der langen Leine zu arbeiten,
- sich bei sachgerechter Führung trotz Vorwärtsdrang auf die langsame, beherrschte Gangart einzustellen, und schließlich
- die damit einhergehende Fertigkeit, einer Spur oder Fährte souverän zu folgen.

Die Futterschleppe ist unter anderem eine hervorragende Vorbildung für die Einarbeitung auf der Hasenspur. Damit die Futterschleppe nachhaltig prägend wirksam wird, müssen einige **Voraussetzungen** erfüllt werden:

- Jede Futterschleppe wird nur dem ausgesprochen hungrigen Welpen angeboten! Allein der hungrige Welpe erlebt den Erfolg als tief beeindruckendes Lusterlebnis, das den erwachsenen Hund als Prägung begleitet. Deshalb muss ihm vor der Futterschleppe zumindest die gewohnheitsmäßig letzte Mahlzeit vorenthalten werden.
- Am Schleppenende bekommt der Welpe nur das geschleppte Material oder einen Teil davon zu fressen. Einerseits muss er – damit die Prägung wirksam wird – stets das Verlangen nach mehr empfinden. Andererseits verstärkt der mit dem Schleppmaterial und der Fährte identische Brocken den Reiz, im Sinne der Fährtentreue allein dieser Fährte zu folgen. Daheim kann er sich dann wieder satt fressen.
- Wie bei jeder Ausbildung gilt auch hier der Grundsatz: Schritt für Schritt zu höheren Anforderungen!

Anschneider?

Es wird immer noch die Auffassung vertreten, dass die Futterschleppe den Hund zum Anschneiden verleite. Das ist Unsinn, wie hundertfache Beispiele beweisen.

Sobald der Welpe bei dem neuen Führer seinen Hort der Geborgenheit gefunden hat, wird mit der Futterschleppe begonnen. Die ersten Male frei und über wenige Meter (3 bis 15 m) auf der frischen Schleppe, wobei der Führer geschickt auf das Ziel hin dirigiert. In der Regel hat der Welpe spätestens nach der dritten oder vierten Schleppe kapiert, worum es geht. Er sucht und findet dann allein. Hat der Welpe den Ablauf verstanden, wird er auf der Futterschleppe nur noch am Schweißriemen beziehungsweise an der etwa ebenso langen Leine geführt. Der Verfasser bevorzugt den Schweißriemen, weil dieser handlicher ist und im Hinblick auf die spätere Ausbildung auf der Schweißfährte dem Hund vertraut wird.

Das Schleppstück bleibt sinnvollerweise an der Schleppschnur, die der Führer nach dem Finden rasch ergreift und dann zur Motivationsverstärkung für einige Sekunden mit dem Welpen um die Beute kämpft. Danach nimmt der Führer dem Welpen mittels leichten Drucks auf die

Lefzen unter dem Kommando »Laaass« das Schleppstück kurz ab, ähnlich dem Verfahren bei der Reizangel, um seine Autorität zu demonstrieren. Dann bekommt der Welpe seinen Teil und die Beute wird »gemeinsam gefressen«. Das heißt, der Führer begleitet das Fressen mit ruhigem Zuspruch. Rasch sind Schleppenlängen von 30 – 50 – 100 – 200 m erreicht. Wenn der Welpe die Schleppe über etwa 100 m motiviert und sicher arbeitet, werden die Stehzeiten der Futterschleppe zügig auf mindestens drei, dann bis etwa neun Stunden verlängert. Schließlich wird nur noch auf der Übernachtfährte gearbeitet. Der 12 Wochen alte Welpe ist dazu problemlos in der Lage.

Von Beginn an wird bei der Futterschleppe auf eine möglichst langsame Gangart hingearbeitet. Es gibt während der Ausbildung keine zu langsame Arbeit am Riemen! Die langsame Gangart führt zu stabiler Riemenfestigkeit, sodass sich der Welpe auch nicht irritieren lässt, wenn der Führer einmal stehen bleibt. Er wird im Streben nach Beute nach vorn gerichtet im Riemen hängen und abwartend verharren, ohne an Motivation einzubüßen. Das fördert die Konzentration und kommt der späteren Einarbeitung auf der Hasenspur zugute. Während der Arbeit des Welpen auf der Futterschleppe wird ihm unaufgeregt, ruhig und nur sparsam zugesprochen, wenn er sich eindeutig der Fährte widmet.

Insgesamt sollte das im Welpenalter Gelernte bis zum nächsten Frühjahr bei kontinuierlich steigenden Anforderungen vervollkommnet werden. Das führt zu einer unschätzbaren Grundlage, die bis hin zur Vorbereitung auf die Verbands-Gebrauchs-Prüfung trägt.

Futterschleppe: Bei den ersten Übungen wird der Welpe zur freien Arbeit angesetzt.

Der Führer dirigiert den Welpen geschickt zum Ziel und zur Motivationsverstärkung …

… wird am Ende der Schleppe mit dem Welpen kurz »um die Beute gekämpft«.

Vorbereitung auf die Verbands-Jugend-Prüfung

Die Verbands-Jugend-Prüfung (VJP) ist zur Feststellung von jagdlich relevanten Anlagen des vielseitigen Jagdgebrauchshundes geschaffen. Sie dient insbesondere der Qualitätskontrolle für die Zuchtlinie, aus der der geprüfte Junghund stammt.

Allgemeine Bedeutung der Vorbereitung

Nichts ist falscher, als zu glauben, man müsse zur Jugendprüfung mit einem völlig rohen, unvorbereiteten Hund antreten. Es ist zwar nicht zwingend erforderlich, dass der Hund zur Zeit der Jugendprüfungen schon die Grundausbildung (Gehen bei Fuß, Sitz, Halt, Apport …) hinter sich hat. Er muss aber zumindest während der letzten sechs bis acht Wochen, an zwei bis drei Tagen der Woche, jeweils einige Stunden im Revier Gelegenheit gehabt haben, seine Anlagen auszubilden.

Der junge, rohe, unerfahrene Hund – und sei er noch so feinnasig – wird seine Nase nie so zu gebrauchen verstehen wie der Jagdhund, der wochen- und monatelang im Revier geführt ist. Seine objektive Riechfähigkeit kommt erst dann zur Geltung, wenn er gelernt hat, sein wichtigstes Sinnesorgan, die Nase, im Rahmen der Suche nach Beute einzusetzen. Mit jeder Übung nimmt die Fähigkeit des Hundes zu, sein Riechvermögen auch zweckentsprechend zu nutzen. Jeder Jäger weiß, dass ein alter, erfahrener

VJP-Vorbereitungslehrgang: Demonstration des Feldleinen-Einsatzes durch den Gruppenmentor zur Vorbereitung und Einarbeitung auf der Hasenspur

Hund üblicherweise mehr Wild findet als ein junger, unerfahrener. Das ist – gleiche Nasenfeinheit vorausgesetzt – lediglich darin begründet, dass er im Gebrauch der Nase geübter ist. Ähnlich verhält es sich mit dem viel oder wenig geführten Junghund. Manch junger Hund, der noch nicht oder wenig am Wild war, tölpelt noch als Jährling in einer Weise in Hühner oder Fasanen hinein, die den Eindruck erweckt, als hätte die Natur ihn hinsichtlich seiner Nase ganz stiefmütterlich behandelt. Bei reichlicher und richtiger Führung kann derselbe Hund vier Wochen später sicheres Finden von Federwild und feinste Manieren zeigen und damit sein Riechvermögen in ganz anderer und überzeugender Weise zur Beurteilung bringen.

Früh übt sich

Die Früh- oder Spätreife spielt bei Weitem nicht die Rolle, die ihr manchmal zugeschrieben wird. Viel wichtiger und ausschlaggebender ist, dass der junge Hund frühzeitig mit seiner künftigen Umgebung vertraut gemacht wird, Wild und Revier kennenlernt und dabei seine natürlichen Anlagen zur Entwicklung bringt.

Ein Hund, der als Welpe oder wenigstens vom vierten bis fünften Lebensmonat an regelmäßig ins Revier kommt, wird als Jährling ein ganz anderes Bild abgeben als sein Wurfbruder, der bis zum dressurfähigen Alter von zehn bis zwölf Monaten in Haus, Hof und Zwinger aufwuchs, ohne sein späteres Tätigkeitsfeld kennenzulernen. Bei ersterem wird zum einen der Körper besser entwickelt, werden Herz und Lunge trainiert, der Brustraum geweitet und die Muskulatur gestärkt sein, woraus sich letztlich eine größere Ausdauer ergibt. Zudem hat er eine wesentlich bessere, seinen späteren Verwendungszweck betreffende geistige Entwicklung durchlaufen, sodass er deutlich frühreifer erscheint als seine Geschwister, die Feld, Wald und Wild nicht kennengelernt und bestenfalls ein Training neben dem Fahrrad absolviert haben.

Die regelmäßige Bewegung im Revier gibt dem Hund das für ihn als Gebrauchshund so wichtige Selbstvertrauen. Wie oft beobachtet man gerade bei jungen zaghaften Hunden, dass sie für eine längere Spurarbeit und Hetze nicht bereit sind, weil sie sich nicht von der Seite ihres Herrn fortwagen. In ihrer Verunsicherung »kleben« sie an ihrem Führer.

Ein von jung auf häufig im Revier geführter Hund wird ein ganz anderer Kerl. Wenn er einer Hasenspur folgt, konzentriert er sich ganz und gar auf die Spur, seinen Herrn vergisst er in diesem Augenblick. Er weiß, dass er ihn wiederfindet. Vielfach hat er diese Erfahrung gemacht; immer fand er mithilfe von Orientierungssinn und Nase schnell zurück und gewann die erforderliche Selbstsicherheit. Die bewusste Suche des Hundes und seine Sicherheit bei jeder Arbeit werden durch häufige Führung gefördert. Bei zaghaften Hunden ist sie überhaupt das entscheidende Mittel, um sie brauchbar zu machen.

Da die Vielseitigkeit das besondere Kennzeichen der kontinentalen Vorstehhunde ist, die es bei der VJP zu überprüfen gilt, ist die allgemeine Vorbereitung im vorgenannten Sinn von entscheidender Bedeutung, um das Anlagenpotenzial des Hundes optimal zu demonstrieren.

Was wird gefordert?

Auf der VJP wird einerseits die Veranlagung zur Spurarbeit und andererseits jene zur Federwildjagd (Suche und Vorstehen) geprüft. Beide Aufgaben setzen sehr unterschiedliche Verhaltensmuster voraus. Bei der Spurarbeit kommt es – neben dem allgemeinen Interesse des Hundes für den Hasen überhaupt – auf seinen Spurwillen, die Arbeit mit tiefer Nase, auf Vorwärtsdrang, Zähigkeit und beherrschte Gangart an. Bei der reinen Feldarbeit wird eine zügige Suche mit hoher Nase, mit Vor- und gegebenenfalls Durchstehen gewünscht.

Sowohl die Unterschiede der Nasenführung als auch der Gegensatz von Vorwärtsdrang auf der Spur und Hemmung beim Vorstehen machen die Gegensätze der Verhaltensweisen deutlich. Der Drang zum Hetzen und Greifen wirkt nachteilig auf das Vorstehen. Demgegenüber lässt die allzu große Förderung der Arbeit an Federwild bei den meisten Hunden das Interesse am Hasen und seiner Spur erlahmen, schwächt vor allem den Durchhaltewillen auf der Spur.

Ausgewogen zum Ziel

Der Führer hat nun die Aufgabe, diese beiden Anlagen auf eine Weise miteinander zu verbinden, dass der Hund in allen Fächern Gutes zeigt. Es ist keine Kunst, eine Anlage einseitig zu fördern. Unterdrückt man bei einem gleichmäßig veranlagten Hund, möglicherweise noch mit Zwangsmitteln, das Interesse am Hasen bei jeder Gelegenheit, lobt den Hund aber bei aller Vorsteharbeit und zeigt dadurch das eigene Interesse am Federwild, so wird die Entwicklung des Hundes in wenigen Wochen dahin gehen, dass er am Federwild »gute Anlagen« zeigt, auf der Hasenspur aber versagt. Umgekehrt lernt der häufig in unübersichtlichem Gelände, hauptsächlich im Wald, geführte junge Hund, der Spur des nicht sichtbaren Hasen zu folgen, während seine Vorstehanlage verkümmert.

Für die Vorbereitung gilt es also zum einen, den richtigen Schwerpunkt zu finden, Spurarbeit oder Suche mit Vorstehen, je nach dem bisherigen Werdegang des Hundes beziehungsweise seiner individuellen Neigung. Zum anderen muss auf die Aufrechterhaltung beider Anforderungen geachtet werden, sodass trotz divergierender Verhaltensvorlieben jeweils gute Ergebnisse zu erwarten sind.

Der Führer eines Junghundes muss also schon fleißig üben, wenn er die in seinem Zögling steckenden Anlagen in die richtigen Bahnen lenken und somit auf einer VJP gut abschneiden will. Solch eine Vorbereitung ist jedoch nicht nur im Hinblick auf die Prüfung unabdingbar, sondern auch für die Allgemeinausbildung zur praktischen Jagdausübung erforderlich.

In den folgenden Abschnitten wird bei der Besprechung der einzelnen Prüfungsfächer dargelegt, in welcher Weise Anlagen gefördert werden können.

Inwieweit die Anlagen des Hundes zusätzlich durch eine Gehorsams-Grundausbildung (»Halt!«) gefördert und gefestigt werden können, wird in einem besonderen Kapitel erörtert (siehe Seite 62 ff.).

Spurarbeit am nicht sichtbaren Hasen oder Fuchs

Die Spurarbeit gehört zu den wichtigsten Aufgaben der Jagdgebrauchshunde. Nur derjenige Jäger kann waidgerecht jagen, der den zuverlässigen Verlorenbringer am Riemen führt, und für den Verloren-Apporteur sind Spurwille und Spursicherheit unerlässlich. Im Wesentlichen müssen diese Eigenschaften angeboren sein. So wie der offenkundige Feigling den kranken Fuchs nicht abwürgt, wird ein Hund ohne natürlichen Spurwillen nicht zum sicheren Verlorenbringer zu erziehen sein. Es ist aber durchaus nützlich, die vorhandenen Anlagen weiter auszubilden und positiv zu fördern.

Viele Hunde, die in ihrer frühen Jugend großes Interesse für die Arbeit mit tiefer Nase zeigen und der Spur des Hasen ruhig und stetig folgen, verlernen diese Fähigkeit durch unsachgemäße Führung. Meistens ist für das spätere Können des Hundes als Verlorenbringer seine Behandlung während der Zeit vom sechsten bis zum achtzehnten Lebensmonat entscheidend. »Was Hänschen nicht lernt, lernt Hans nimmermehr!« Es ist geradezu Pflicht, auf dieses Fach von Jugend an die allergrößte Aufmerksamkeit zu richten, die Spurarbeit bei jeder Gelegenheit zu fördern und alles zu vermeiden, was den Hund zur Vernachlässigung dieser wichtigsten Gebrauchshundaufgabe veranlassen könnte. Das gilt umso mehr, als gerade bei der Spurarbeit die größten Schwächen der heutigen vielseitigen Jagdgebrauchshunde zu beobachten sind.

Das Wunschziel ist nun keineswegs jener Hund, der bei günstiger Witterung und ebensolchen Bodenverhältnissen mit halbhoher Nase in windender Fahrt der Spur folgt, und sei es noch so weit, um nach einigem Hin und Her an schwierigen Punkten die Suche aufzugeben. Namentlich dann, wenn er beim Abkommen von der Spur heftig wird und im alten Tempo umherrast, ist seine Veranlagung nur mäßig, und seine Ausbildung wird auf Schwierigkeiten stoßen. Maßgeblich für den nachhaltigen Erfolg ist allein, dass der freigelassene Hund so ruhig arbeitet wie am Riemen und dass er nicht beginnt umherzurasen.

Die beste Veranlagung zeigt der Hund, der eine Spur ruhig anfällt, sie langsam weiterarbeitet, allmählich schneller wird und dann so lange flüchtig abgeht, wie er die Spur in dieser Gangart halten kann, bei schwierigen Punkten (Absprüngen, Haken, frisch gepflügtem Acker usw.) aber wieder langsam wird und – die Nase zwischen den Vorderläufen – im Schritt oder Trab die Spur austüftelt. Ein solcher Hund berechtigt zu der Annahme, dass er später jede Nachsuche leistet, die im Bereich des Möglichen liegt.

Die sachgemäße, objektive Beurteilung der Anlage eines Hundes für die Spurarbeit gibt sehr gute Hinweise auf dessen Eignung für die Ausbildung zum qualifizierten Nachsuchenhund, ob als Schweißarbeiter oder/und Verlorenbringer!

Den Hund an die Spurarbeit heranführen

Schon den vier bis fünf Monate alten Zögling sollte man mit freundlich-lobenden Worten an die warme Sasse oder Spur bringen und ihn mit eindringlich-schmeichelndem Ton loben mit den halblaut gesprochenen Worten: »Such's Häschen«, sobald er die Spur anfällt. Wie bei allen Aufgaben sollte immer der gleiche Zuspruch beziehungsweise das gleiche Kommando gegeben werden. Nicht der Wortlaut, sondern die situationsangepassten, gleichen Worte lassen den Hund rasch lernen.

Bei gut veranlagten Hunden erlebt man oft, dass das Hundekind – zuerst zaghaft, ja, man möchte sagen ängstlich, und doch interessiert mit zwar wedelnder, aber dennoch gesenkter Rute – der Spur gleich beim ersten Mal 50, 80 oder 100 Meter folgt. Klebt er bei dieser Arbeit an der Duftlinie des Hasen, ohne zu faseln und ohne heftig zu werden, darf man zufrieden sein.

Bei den nächsten Arbeiten wird er der Spur schon weiter folgen. Und mit wachsendem Selbstvertrauen dauert es nicht mehr lange, bis er bei solcherart Spurarbeit den Hasen auch einmal sticht. Dies kommt in unübersichtlichem Gelände häufiger vor, während auf weiten, ebenen und kahlen Flächen der Erfolg eher selten ist. Aus diesem Grund wird, wenn es die örtlichen Verhältnisse erlauben, für die Einarbeitung des Junghundes auf der Spur gedecktes, kupiertes Gelände oder Wald gewählt.

Den Weg des flüchtenden Hasen sollte der Führer sorgfältig beobachten und in Erinnerung behalten, um seinem Zögling bei der Spurarbeit die richtigen Hilfestellungen geben zu können.

Mangelndes Interesse?

Dass der Junghund an der Hasenwitterung überhaupt kein Interesse zeigt, wird selten vorkommen. In einem solchen Fall kann seine Hasenpassion durch Sichthetzen eventuell geweckt werden. Sehr viel häufiger wird das Hundekind oder der Junghund von allzu großer Passion getrieben, aufgeregt in windender Fahrt versuchen, der Spur zu folgen, und sie beim ersten Haken weit überschießen. Der geborene Spurhalter wird am Haken von sich aus langsamer, schlägt Bogen um Bogen, bis er die Spur wiedergefunden hat, und arbeitet sie weiter. Aber Hunde, die an mehreren schwierigen Stellen nacheinander ein solches Verhalten zeigen, sind, wie gesagt, selten. Viele beginnen nach dem Überschießen mit übereilender Schnelligkeit und hoher oder halbhoher Nase hin und her zu rasen und geben nach einiger Zeit die Suche auf. Andere brechen die Verfolgung sofort ab.

Der nächste Schritt: die Arbeit am langen Riemen

Für Hunde, die eine hinreichende Selbstständigkeit beim freien Lauf gezeigt haben, wird die Einarbeitung auf der Hasenspur am langen Riemen empfohlen. Wenn der Zögling als Welpe die Futterschleppe (s. S. 28 f.) kennengelernt hat, ist er deutlich im Vorteil. Er ist geprägt, am Riemen mit Lust und in beherrschter Gangart zu arbeiten. Aber auch bei nicht vorgeprägten Hunden hat sich die Methode bestens bewährt.

Spätestens ab Februar, das heißt ca. zwei Monate vor der VJP,

Rehe hetzen vermeiden

Man hüte sich jedoch, dem Hund Gelegenheit zu geben, Rehe zu hetzen. Fast alle Hunde entwickeln für die warme Rehfährte eine außerordentliche Leidenschaft und werden sehr schnell zu Rehhetzern und damit verdorben. Es bedarf der ganzen Kunst eines Meisters, einen solchen Hund später wieder in Ordnung zu bringen.

- wird nur noch am Riemen geübt und
- jede Sichthetze möglichst vermieden, (ausgenommen bei sehr guter Aussicht, nach der Riemenarbeit bei kurzer, freier Arbeit den Hasen zu stechen – zum Beispiel im Buschgelände oder Wald).

Mittels der Riemenarbeit wird der Hund zu langsamem Arbeiten, zu Ruhe und Besonnenheit erzogen. Nebenbei erfasst er schnell, dass auch sein Herr an dieser Arbeit Interesse hat. Beides motiviert den Hund, was der Spurarbeit förderlich ist. Es ist zu vermeiden, dass der Hund den Hasen vorher mit dem Auge verfolgt. Andererseits muss sich der Führer vor der Riemenarbeit den Verlauf der Hasenspur genau merken.

Wegen der besseren Handhabung gibt der Verfasser dem Schweißriemen den Vorzug gegenüber der Feldleine. Wenn der Welpe bei der Futterschleppe die Arbeit am Schweißriemen bereits kennengelernt hat, tut sich der Jährling damit besonders leicht.

Führungstechnik

Der Schweißriemen wird an der nichtwürgenden Halsung befestigt. Die linke Hand fasst den Riemen kurz über der Halsung, die rechte weist auf den Spuransatz und der Hund wird mit ruhig gesprochenem »Such's Häschen« zur Spur gelegt. Wenn der Hund den »roten Faden« aufgenommen hat, lässt der Führer den Riemen durch die Hände gleiten und folgt schließlich betont langsam.

Wie bei der Einarbeitung auf der Futterschleppe und Schweißfährte gibt es keine zu langsame Arbeit! Viele Führer neigen dazu, sich dem Tempo des Hundes anzupassen. Nein, der Hund soll sich dem verhaltenen Schritttempo des Führers anpassen! Dementsprechend bedarf es der Selbstkontrolle des Führers.

Der Führer folgt nur so weit, wie er den Verlauf der Spur genau kennt. Nur in Ausnahmefällen ist die Spur mit dem Auge erkennbar (bei Schnee, im betauten Grase usw.). In der Regel kann man sich anhand beliebiger Geländepunkte den Weg merken, den der Hase genommen hat. Es ist besser, nur 100 m sorgfältig zu arbeiten, als 300 m »Larifari«. Bei der Einarbeitung ist nicht die Entfernung entscheidend, sondern die Hinführung zu Sorgfalt, Konzentration und beherrschter Gangart. Jegliche Hast, auch bei den eigenen Bewegungen, ist zu vermeiden.

Bevor der Führer hinsichtlich des Spurverlaufes verunsichert wird, greift er zügig zum Hund vor, lobt ihn ruhig und trägt oder zieht ihn gegen den Wind, das heißt außerhalb des Spurwitte-

»Such's Häschen«, mit ruhigem Zuspruch wird der Hund zur Spur gelegt. Der Führer fasst den Riemen kurz über der Halsung und weist mit der anderen Hand auf die Spur.

Zunächst bleibt der Führer stehen, bis der Hund den »roten Faden« gefunden hat, erst dann folgt er dem Hund.

Der Führer folgt stets in verhaltener Gangart. Denn auch hier gilt: Es gibt keine zu langsame Gangart, wenn der Hund nach vorn will.

rungsbereichs, von der Spur ab. Am Ende der Riemenarbeit wird der Hund also nicht einfach hergerufen oder weggezogen. Vielmehr beendet der Führer die Arbeit quasi im Einvernehmen mit dem Hund.

Bewusst werden auch Spuren mit erschwertem Verlauf gesucht beispielsweise kreuzender Feldweg, Übergang von der Wintersaat zu unbewachsenem Acker usw. An solchen »Klippen« lässt der Führer dem Hund hinreichend Zeit, diese selbstständig zu überwinden und den Anschluss zu finden. Danach soll der Hund noch wenigstens einige Meter oder auch mehr der Spur folgen und erst dann unter Lob in der beschriebenen Weise abgetragen werden.

Die Bedeutung der freien Arbeit

Die freie Arbeit auf der Hasenspur wird dem Hund im Rahmen der Einarbeitung nur unter dreierlei konsequent einzuhaltenden Bedingungen angeboten:

- Wenn gute Aussicht besteht, dass der Hund den Hasen über die Spurarbeit findet, das heißt ihn sticht,
- wenn eine längere Riemenarbeit vorausgegangen ist und
- wenn diese ruhig und beherrscht absolviert wurde.

Für sogenannte überpassionierte Hunde ist die Forderung, dass dieser die vorangehende Riemenarbeit ruhig-beherrscht absolviert, von besonderer Bedeutung und deshalb konsequent zu erfüllen. Solange der Hund sich am langen Riemen nicht der langsamen, beherrschten Gangart des Führers anpasst, wird ihm die freie Arbeit vorenthalten.

Einziges Ziel der freien Arbeit ist das Stechen des Hasen nach erfolgreicher Spurarbeit! Der Erfolg des Hundes, durch beherrschte Spurarbeit an den Hasen zu kommen, fördert seine Spursicherheit, seine Zähigkeit im Durchhalten

Nach angemessener Länge der Spurarbeit oder im Zweifel über den weiteren Verlauf, …

… greift der Führer zum Hund vor, lobt ihn mit ruhigem Zuspruch und zieht …

und seine Spurtreue ganz wesentlich. Dafür genügen relativ wenige Gelegenheiten, wobei die Möglichkeiten ohnehin beschränkt sind, bei denen der Hase mit hoher Wahrscheinlichkeit gestochen werden kann.

Als ausgezeichnete Gelegenheit hat sich der frühmorgendliche Haseneinlauf vom Feld in den Wald oder in eine andere größere Deckung bewährt. Der Hase pflegt dort nicht mehr weit zu hoppeln, sondern sich bald zu drücken. Zudem steht die Spur im gegebenenfalls taufeuchten Bodenbewuchs ganz besonders gut, sodass die Aussichten für den Hund, den Hasen auf der Spur zu finden, recht groß sind. Vom Ansitz in Waldrand- beziehungsweise Deckungsnähe aus beobachtet der Führer den Weg des Hasen, wobei der Hund den Hasen nicht äugen darf. Der Riemen wird durch die Halsung gezogen, sodass er in halber Länge doppelt gefasst werden kann.

Nach dem Verschwinden des Hasen wird der Hund zur Spur gelegt und soll diese ruhigbeherrscht bis zum Deckungsrand arbeiten. Dort lässt der Führer möglichst unauffällig das eine Riemenende los und den Hund im gleitenden Übergang frei weiterarbeiten. In der Mehrzahl der Fälle wird der Hund den Hasen stechen.

Es hat sich bewährt, bis zum Termin der Frühjahrs-Anlagenprüfung (VJP) darüber hinaus keine freie Arbeit auf der Hasenspur anzubieten. Die Riemenarbeit bleibt bei der Einarbeitung im Vordergrund. Die Befürchtung, der Hund werde am Prüfungstage nicht weit genug hinausgehen, ist erfahrungsgemäß unbegründet. Seine Selbstständigkeit hat er ja längst unter Beweis gestellt.

Dufthetze unerwünscht

Die Riemenarbeit bewahrt den Hund unter anderem davor, statt echter Spurarbeit eine Dufthetze zu machen. Angesichts hoher Luftfeuchte, leichter Windbewegung und bewachsenen Untergrunds hinterlässt der flüchtende Hase zunächst einen Geruchstunnel, der mehr oder weniger zeitlich begrenzt über beziehungsweise neben der Spur steht. Der Hund wird dadurch in die Lage versetzt, dem Hasen mit halbhoher oder gar hoher Nase zu folgen, hier als »Dufthetze« bezeichnet.

Wenn der Hund also nicht genötigt ist, sich mit tiefer Nase auf eine nur am Boden haftende Spur zu konzentrieren, wird er bei wiederholter Erfahrung für die echte Spurarbeit verdorben. Bei der Riemenarbeit verstreicht so viel Zeit, dass nur die eigentliche Spur des Hasen am

... oder trägt ihn gegen die Windrichtung ab, um aus dem Duftbereich der Spur zu kommen.

Boden übrig bleibt und der Hund angehalten wird, sich mit tiefer Nase auf diese zu konzentrieren.

Das Phänomen der Dufthetze täuscht leider auch im Prüfungswesen manchen Richter, der dann die Arbeit auf der Hasenspur unangemessen hoch, die eigentliche Spurarbeit damit aber nicht bewertet. Das ist auch der Grund dafür, dass nach den Frühjahrsprüfungen viele Hunde mit hohen Zensuren in der Spurarbeit nach Hause fahren, jedoch später den Nachweis als qualifizierte Verlorenbringer schuldig bleiben. Wer seinen Hund zu einem guten Verlorenbringer ausbilden will, sollte solche Dufthetzen vermeiden.

Fehlerhafte Führung

Die im Vorstehenden besprochene Förderung von Spurwillen und Spursicherheit ist ebenso wichtig wie die Frage, wodurch die natürliche Spurveranlagung eines Hundes verdorben wer-

Die lange Leine wird durch die Halsung gezogen und kann so unauffällig ablaufen, wenn der Hund im besonderen Fall die Spur nach der Riemenarbeit frei arbeiten soll.

den kann? Nicht selten wird dem Hund das, was ihm an natürlichem Spurwillen im Blut liegt, durch falsche Führung ausgetrieben. Auch der Hundeführer, der die Spurarbeit in der Jugend seines Hundes fördern möchte, macht Fehler.

Ruhe und Besonnenheit

Während Ruhe und Besonnenheit angestrebt werden sollen, wird die Neigung zur Heftigkeit, zum vermehrten Gebrauch der Läufe anstelle der Nase nur zu oft aus Leichtfertigkeit gefördert. Erste Ansätze dazu entstehen bereits dann, wenn sich der Führer bei der Riemenarbeit der schnelleren Gangart des Hundes anpasst, das heißt, anstatt sich einer betont langsamen Gangart zu befleißigen, im raschen Schritt oder gar Lauf dem Hunde folgt. Insbesondere sind es Sichthetzen, die den rohen Hund rasch dazu erziehen, nur noch umherzutoben und umherzuäugen.

Sichthetzen vermeiden

Insbesondere bei hochgezüchteten Jagdhunden, deren Passion mancher Jäger nicht gewachsen ist, führt jede Sichthetze zu nachteiliger Entwicklung. Die Hetze macht dem Hund natürlich Spaß, und er gewöhnt sich sehr bald daran, bei nasenmäßiger Wahrnehmung der Hasenspur, gierig umherzuäugen. Noch schlimmer wird das, wenn Hasen vor ihm geschossen werden und er auf den kranken oder angeblich kranken Hasen geschnallt wird, solange er ihn noch sieht. Er muss es hierbei ja lernen, den Hasen äugen zu wollen. Und wenn er bei solchen Sichthetzen erst einige Male Erfolg hatte, ist es mit der Spurarbeit meistens vorbei. Nur ganz hartgesottene Spurfanatiker lassen sich trotz falscher Führung nicht aus der Ruhe bringen und nehmen die Nase herunter, wenn das Wild außer Sicht ist. Aber von diesen gibt es nur wenige.

Nun lassen sich im Rahmen der notwendigen Förderung von Suche und Vorstehen Sichthetzen nicht gänzlich umgehen. Steht ein sehr unübersichtliches Gelände zur Verfügung, ist die Sache nicht ganz so gefährlich, weil der Hase dem Hund nach relativ kurzer Strecke aus dem Gesicht kommt. Dadurch ist der Hund gezwungen, die Nase wieder herunterzunehmen, die Sichthetze wird also gleich wieder zur Spurhetze. In einem weithin übersichtlichen, flachen Gelände aber darf ein passionierter roher Hund nur ganz selten frei geführt werden. Steht nur ausschließlich ein solches Gelände zur Verfügung und ist dieses womöglich noch gut mit Hasen besetzt, so ist dort eine sachgemäße Vorbereitung und Führung des Junghundes ohne angemessene Gehorsams-Grundausbildung nicht möglich. Dieses Thema wird im weiteren Verlauf noch näher behandelt.

Überangebot vermeiden

Abschließend sei zum Kapitel Spurarbeit hinzugefügt, dass jedes Überangebot grundsätzlich zu vermeiden ist. Der Hund darf nicht täglich und dann möglicherweise noch auf mehreren Spuren gefordert werden. Genüsse, die im Überfluss geboten werden, verlieren an Reiz!
In diesen Zusammenhang passt auch die Erfahrung, dass die Hunde aus dem Bergland oder aus waldreichen Gegenden durchwegs bessere Spurarbeiter sind als Hunde, die ihre Entwicklung in der mit Hasen reich gesegneten Agrarlandschaft der Ebene verbrachten.

Nasenarbeit

Das objektive Riechvermögen eines Hundes ist für den Menschen kaum vorstellbar und nicht beeinflussbar. Sehr wohl aber kann der Gebrauch der Nase zu höherer Leistungsfähigkeit trainiert werden. Alle Sinne schärfen sich durch Übung, so auch die Nase des Gebrauchshundes. Wie oft erlebt der Ausbilder jenen Hund, den er roh und bar jeder Revier- und Wilderfahrung in die Hände bekommt, wie dieses lebensunerfahrene Jungtier selbst bei gutem Wind plötzlich mitten unter die Hühner saust und dann ganz erschrocken und verwundert vor dem aufstiebenden Federwild steht. Oder den wasserfreudigen Hund, der plötzlich die ganz frische Schwimmspur einer Ente kreuzt, ohne ihr zu folgen.

In beiden Fällen erweckt der Hund den Eindruck der mangelnden Nasenfeinheit. Dennoch kann er wenige Wochen später Hühner auf weite Entfernung souverän anziehen und damit seine feine Nase unter Beweis stellen. Schon nach wenigen zielgerichteten Übungen am Schilfwasser wird derselbe Hund vielleicht noch in derselben Woche die Schwimmspur der Ente auch auf blankem Wasser 50, 80 oder 100 Meter weit sauber ausarbeiten und den Fachmann zu dem Schluss kommen lassen, dass der Hund in der Nasenarbeit ein »sehr gut« verdient hat.

Beide Beispiele – und zahllose andere – verdeutlichen, dass der Hund hinreichend Gelegenheiten bekommen muss, sein Riechvermögen anzuwenden und zu schulen.

Bereits der Welpe sollte möglichst viele unterschiedliche Gelegenheiten bekommen, um den Gebrauch der Nase zu üben, wodurch die weiterführende Ausbildung wesentlich vereinfacht wird.

Die Förderung des rohen Hundes im Gebrauch der Nase besteht fast ausschließlich darin, ihn häufig an Federwild und Hasenspuren zu bringen. Das Interesse des Führers an diesen Wildarten überträgt sich auf den Hund. Mit seiner Vorliebe für dieses Wild wächst auch sein Wille, es zu finden. Infolge dieses Finderwillens reagiert er zunehmend sensibel auf die geringste Witterung. Das kommt am deutlichsten zum Ausdruck, wenn der Hund unter Verkürzung oder gar Unterbrechen seiner Suche plötzlich einen Dufthauch, dessen Urheber ihm nicht klar ist, mehr oder weniger vorsichtig prüft, um dann je nach dem Ergebnis entweder weiterzusuchen, vorzustehen beziehungsweise versucht an das Wild heranzukommen.

Vielseitig ausbilden

Von entscheidender Bedeutung ist es, den Hund an Hasen und an Federwild zu führen. Unter Federwild sind hier insbesondere Fasanen und Rebhühner gemeint. Der junge Hund interessiert sich zunächst für alles, was ihm als »Beutetier« interessant erscheint. So sind beispielsweise auch Feldlerchen Objekte seines Finderwillens. Sie sind durchaus geeignet, an ihnen zusätzlich den Gebrauch der Nase zu beurteilen. Das Interesse des Hundes an nicht jagdbaren Tieren nimmt mit zunehmendem Alter ab, wenn der Führer sich nicht dafür interessiert.

Bei einseitiger Führung ist die Gefahr groß, dass der Hund eine ausgesprochene »Hasennase« oder »Fasanennase« entwickelt. Er stellt sich ganz auf die eine Wildart ein, findet diese sehr viel mehr als die andere und arbeitet an ihr intensiver. Die andere Wildart aber verliert für ihn an Interesse. Das kann so weit gehen, dass ein nur an Hasen gearbeiteter Hund Federwild überhaupt nicht beachtet, es weder vorsteht noch herausstößt noch hetzt. Andererseits können nur an Federwild geführte Hunde jegliches Interesse am Hasen verlieren.

Der Gebrauchshund soll und muss von Jugend an vielseitig geführt werden. »Früh übt sich, was ein Meister werden will.« Hunde mit sehr ausgeprägtem Willen zum Greifen neigen häufig weniger zum Vorstehen, rücken zum Wild nahe auf und stoßen es gegebenenfalls heraus. Sie werden deshalb zuweilen ungerechtfertigt im Gebrauch der Nase schlechter beurteilt, als sie es verdient haben. Mittels entsprechender Vorausbildung können solche Hunde über das »Halt« zu besserer Vorstellung auch ihres Nasengebrauchs gelangen (siehe Seite 64).

Das vielseitige Finden, von Federwild (Fasan und Rebhuhn) einerseits und Hasen andererseits, weist schließlich auf einen sehr guten Nasengebrauch hin. Gewisse äußere Umstände sind zudem zu beachten. Beispielsweise beeinträchtigt der frisch gejauchte Acker oder das blühende Rapsfeld die Nasenarbeit nennenswert.

Es erschwert dem Hund außerordentlich die zielsichere Nasenarbeit, wenn er im in voller Blüte stehenden Rapsfeld sucht.

Suche

Die Anlage zur Suche ist beim Hund in hohem Maße genetisch verankert. Wenn auch nicht als wichtigstes Fach, so steigert doch eine erstklassige Suche den jagdlichen Erfolg und bietet zudem einen ästhetischen wie jagdlichen Genuss.

Bei den heutigen Jagdhunden aller Schläge ist eine ungenügende Suche sehr selten. Trabsucher und phlegmatische »Schaukelpferde« kommen kaum noch vor. Die Zucht hat durchweg Hunde geschaffen, die in der Schnelligkeit völlig ausreichen, ja, hierin zuweilen schon aufgrund überschäumender Passion die Grenzen des Wünschenswerten und Zweckmäßigen überschreiten.

Vor Beginn der Suche sollte der Hund ruhig, aber gespannt vor dem Führer sitzen.

Wie sieht eine gute Suche aus?

Der Gebrauchshund soll in der Suche ein zügiges, aber kein rasendes Tempo zeigen. Die Suche ist umso höher zu bewerten, je mehr der Hund unter richtiger Ausnutzung des Windes das Gelände absucht, ohne dass Wild seiner Nase entgeht. Man muss den Bewegungen des Hundes ansehen, dass er Wild sucht, das heißt finden will und nicht nur läuft. Zügigkeit und Ausdauer sind Voraussetzungen einer guten Suche. Ein weiteres Kriterium ist die »Kopfarbeit«, die der Hund dabei leistet. Entscheidender Wert ist auf den Willen zum Finden, also das fortwährende Prüfen der Luft nach Wildwitterung, zu legen. Schließlich kommt es auf das Findenkönnen an, das heißt, wie zielsicher der Hund nach Aufnahme der Wildwitterung auch zur Quelle, zum Wild, findet.

Beginn und Ende der Suche

Bei Beginn und Ende der Suche achtet der Führer stets konsequent darauf, dass der Hund vor dem Ab- beziehungsweise Anleinen die »Sitz«-Stellung einnimmt und so lange beibehält, bis der Befehl zum Suchen beziehungsweise Folgen kommt. Das verfeinert nicht nur den Gehorsam und verbessert den Eindruck auf die Verbandsrichter bei der Prüfung, sondern gibt der Suche auch gleich von Beginn an einen viel besseren Schwung. Der Hund sitzt mit hoch erhobenem Kopf da, seinen Führer aufmerksam beobachtend, und geht auf den kurzen Wink mit dem Unterarm wie aus der Pistole geschossen los. Vor allem bei Hunden mit weniger zügiger Suche ist dies außerordentlich förderlich.

Die eigentliche Suche

Im Übrigen ist es zunächst einmal richtig, den Hund frei auslaufen zu lassen. Durch den Versuch, den Hund kurz zu halten, verbessert man keine Suche. Durch Pfeifen und Rufen kann der junge Hund ohne Grundabrichtung ohnehin nicht regiert werden, eher wird der noch nicht entsprechend ausgebildete Hund durch häufige Pfiffe und Rufe »harthörig«, das heißt verdorben. Die eigentliche Führeraufgabe besteht darin, den Hund zur Planmäßigkeit und Ausnutzung des Windes anzuleiten.

Im Zickzack gegen den Wind

Der Führer unterstützt die Quersuche dadurch, dass er selbst im Zickzack gegen den Wind geht. Bewegt sich der Hund nach rechts, geht man nach links, bis er höchstens 80 bis 100 Schritt am Führer vorbei ist. Dann ändert

Hat der Führer in Form von Laut- und/oder Sichtzeichen das Startsignal gegeben, beginnt der Hund passioniert die Suche.

man die Richtung nach rechts. In der Regel wird der Hund bald wenden, wenn er seinen Herrn sich entfernen sieht. Hat der Hund ihn jetzt wieder um die genannte Entfernung überholt, geht der Führer wieder nach links usw. Dabei muss man sich dem Gelände anpassen, damit der Hund in erster Linie das Absuchen der Deckung lernt. Durch dieses Verfahren wird zum einen die Quersuche an sich geübt, zum anderen lernt der Hund unwillkürlich, mehr auf seinen Herrn zu achten; die Zusammenarbeit wird gefördert. Auf diese Weise wird bei regelmäßigem Üben jede Suche außerordentlich verbessert.

Voraussetzungen beachten

Die Übungen werden immer nur bei gutem Wind vorgenommen, das heißt, die allgemeine Marschrichtung geht gegen den Wind, sodass Hund und Führer bei den Zickzack-Bewegungen stets die Windrichtung schneiden. Dabei sollte der Führer nur langsam Raum gegen die Windrichtung gewinnen, damit der Hund die Fläche sorgfältig absucht und kein Wild überläuft. Für diese Übung sollte auf jeden Fall ein Gelände gewählt werden, auf dem der Hund auch Wild findet. Dann wird der passionierte Hund in kurzer Zeit den Sinn und Zweck erfassen und von Tag zu Tag in seiner Suche bewusster arbeiten.

Sowie der Hund seitwärts die Leinenlänge erreicht hat, gibt der Führer den Achtungspfiff, ruckt an der Leine, geht und weist in die Gegenrichtung.

Problem: zu selbstständiger Hund

Mancher junge Hund kümmert sich kaum um seinen Herrn und macht sich bei der Suche »selbstständig«. Er rast in 600, 800 Meter oder noch weiterer Entfernung im Gelände umher. Der Grund ist neben überschäumender Passion meist Mangel an ausreichender Bindung zwischen Führer und Hund.

Ohne Bindung geht es nicht

Alles Pfeifen und Rufen ist bei solchen Hunden sinnlos und falsch. In diesen Fällen ist erst einmal für ein harmonisches Zusammengehörigkeitsgefühl zu sorgen. Die tägliche stundenlange Nähe des Hundes zum Führer, verbunden mit gemeinsamem Spielen und vielfältigen Ausbildungsübungen, festigen die beidseitige Bindung. Zudem sollte der Hund sein Futter ausschließlich vom Führer bekommen und von anderen Personen mehr oder weniger ferngehalten werden. Das alles fördert den Konnex zwischen Hund und Führer, die mentale Bindung des Hundes an den Führer. Der Hund wird sich in der Regel auch im Revier zunehmend am Führer orientieren. Der Führer empfängt den Hund stets freundlich und lässt ihn häufig erneut frei.

Sich unsichtbar machen

Als weitere Hilfe hat sich bewährt, dass sich der Führer auf den Boden legt und damit dem Gesichtskreis des Hundes entschwindet, sobald sich dieser zu weit entfernt. Sucht er dann seinen Herrn und kommt zurück, wird er lobend empfangen. Sicher ist dieses Vorgehen jedoch nicht in allen Fällen.

Die Einarbeitung an der Feldleine

Eine Alternative ist die Einarbeitung an der langen, festen und leichten Feldleine (Wäscheleine-Material). Die Leine kann bis zu 50 m lang sein und erfordert somit eine geschickte Handhabung! Auch hier ist auf die Grundrichtung der Suche gegen den Wind zu achten.

So geht's

Mit der angelegten Leine wird der Hund auf bewachsenem Acker nach rechts oder links zur Suche geschickt. Kurz vor dem Erreichen der freigegebenen Leinenlänge gibt der Führer einen einfachen Pfiff und ruckt unmittelbar danach an der Leine, was den Hund zur Richtungsänderung veranlasst. Der Führer selbst bewegt sich gleichzeitig in die Gegenrichtung, lässt den Hund vorbeisuchen und wiederholt den Vorgang auf der anderen Seite usw. Die kurzzeitliche Abfolge Pfiff – Ruck – Richtungsänderung durch den Führers ist unbedingt einzuhalten, damit der Hund alsbald lernt, zunächst allein auf den Pfiff die Kehrtwendung zu machen und schließlich auch der Bewegung des Führers in die Gegenrichtung zu folgen.

Bleibt auch diese Methode ohne Erfolg, wird man ohne vorherige Grundausbildung mit dem Schwerpunkt »Halt« nicht auskommen. Es empfiehlt sich ohnehin, rechtzeitig damit zu beginnen, das heißt ab einem Alter von etwa neun Monaten (siehe Seite 76 ff.).

Die beiden Bilder auf der nächsten Seite veranschaulichen, wie das »Halt«, wenn der Hund es bereits gelernt hat, die Einarbeitung zur Suche hervorragend unterstützt. Die Orientierung am Führer steht dabei im Vordergrund.

Trainingszustand des Hundes

Schließlich gehört zu einer guten Suche die erforderliche Ausdauer des Hundes. Die dazu notwendige Leistungsfähigkeit von Bewegungsapparat und Organen setzt körperliches Training von Jugend an voraus – spätestens ab dem 6. Lebensmonat. Das Training erfolgt am besten durch freie, ungehemmte Bewegung im Revier. Alles andere ist Ersatz und weniger wirkungsvoll, ja, kann sogar bei nicht ganz sachgemäßer Handhabung gesundheitsschädlich sein. So ist beispielsweise das alleinige Training neben dem Fahrrad für den jungen Hund zu einseitig. Zudem besteht die Gefahr gesundheitlicher Schäden, wenn dabei zu früh zu viel vom Hund verlangt wird. Bei freier Bewegung im Revier sind die Verhältnisse abwechslungsreich. Der Hund passt sich selbst den Anforderungen an. Der freiwillige Lauf über Stoppel und Sturz, Stock und Stein, Gräben und Hecken, in Schilf und Rohr, in Busch und Wald ermöglicht dem Hund, die Leistungsfähigkeit seines Körpers auszuloten. Er hört von selbst auf, wenn die natürliche und nützliche körperliche Ermüdung eintritt.

Letztlich ist zu bedenken, dass die Ausdauer des Hundes aufgrund seiner gegebenen Körperkonstitution begrenzt sein kann. Anlagebedingte wie auch erworbene körperliche Mängel oder unsachgemäße Fütterung kommen als Ursachen infrage. Der vielseitig und inhaltsreich gefütterte Hund, an dem man wenigstens die hinteren Rippenbögen optisch erahnen kann, ist hinsichtlich der Leistungsfähigkeit gegenüber dem zu gut genährten immer im Vorteil!

Wenn der Hund den Achtungspfiff missachtet, erfolgt der »Halt«-Befehl, danach …

… gibt der Führer den Achtungspfiff, geht und weist in die gewünschte Richtung, und der Hund folgt.

Vorstehen

Das Vorstehen ist bei den Vorstehhunden eine genetisch verankerte Verhaltensweise, sodass diese Hunde fast ausnahmslos aufgrund ihrer natürlichen Veranlagung vorstehen. Die Frage ist allein, wie früh diese Anlage zum augenscheinlichen Durchbruch kommt. Vorbereitungen können bereits frühzeitig getroffen werden, wie bereits in den Ausführungen zur Erziehung des Welpen angesprochen. Im Übrigen ist das Verhalten bei ersten Begegnungen mit Wild außerordentlich unterschiedlich. Es variiert zwischen festem, langem Vorstehen bis hin zum bewussten Hinauswerfen des Wildes, ohne auch nur den Bruchteil einer Sekunde innezuhalten. Bei einiger Führung kommt aber der Tag, an dem der Hund das sich fest drückende Wild durch eindeutiges Vorstehen anzeigt.

Vorstehanlagen gezielt fördern

Nun soll der Hund aber schon im jugendlichen Alter auf der Verbands-Jugend-Prüfung seine sichtbar zum Durchbruch gekommene Vorstehanlage zeigen. Das bedarf einer mehr oder weniger intensiven Vorbereitung, Einwirkung und Führung, damit der Zögling auch diesbezüglich bei der Prüfung zeigen kann, was in ihm steckt. Nicht wenige Hunde stehen zum Zeitpunkt der Jugendprüfung ohne aufwendige Vorbereitung vor. Ansonsten ist diese Aufgabe eine der leichtesten, insbesondere wenn der Führer die Grundausbildung (»Halt«-Übung »Hüüüten«, siehe Seite 65) zu Hilfe nimmt. Aber zunächst soll hier die Rede von einer Alternative sein.

So geht's

Das benötigte Hilfsmittel ist die 20 Meter lange Feldleine. Man lässt den Hund mit der am nicht würgenden Ring der Halsung befestigten langen Leine arbeiten und nimmt deren Ende in die Hand. Bei durch unsachgemäße Ausbildung hart gewordenen Hunden kann es sinnvoll sein, die Leine auch am Stachelhalsband zu befestigen. Am zweckmäßigsten ist es, einen anderen Hund suchen zu lassen, um festzustellen, wo Fasanen oder Hühner liegen; das empfiehlt sich vor allem dann, wenn Federwild nicht sehr reichlich vorhanden ist. Sobald dieser Hund vorsteht, wird er abgenommen beziehungsweise beobachtet, wo das aufstehende Wild wieder einfällt.

Unter »Such voran!« lässt man dann den jungen Hund an der Leine suchen und führt ihn bei Gegenwind an das Federwild. Sobald der Hund anzieht, ruft man ihm ruhig und gedehnt zu: »Hüüüüt« (Hüte dich) und zieht sachte die Leine an, gegebenenfalls ohne die Korallen wirken zu lassen. Der Mahnruf hat den Vorzug, dass der Ü-Laut in keinem anderen Kommando oder Zuspruch vorkommt und daher nicht verwechselt werden kann. Kommt der Hund unter doppelter Einwirkung (Leine und Zuruf) zum Vorstehen, so lobt man ihn mit den ruhig-mahnend gesprochenen Worten »Hüüüüt – so recht, mein Hund« und tritt an der Leine vorgreifend ganz langsam an ihn heran – ohne die Leine locker zu lassen (!). Beim Hund angekommen, wird dieser verhalten liebkosend am Rücken gestreichelt und immer wieder ruhig und möglichst leise der Ausspruch »Hüüüüt« wiederholt.

Jedes Vorwärtsdrängen wird durch ein erneutes, etwas lauter-mahnendes »Hüüüüt« und gleichzeitiges Straffen der Leine unterbunden.

Hat er zwei bis drei Minuten vorgestanden, ermuntert man ihn durch das Kommando »Voran!« zum Nachziehen. Dazu geht man neben ihm langsam einige kurze Schritte vorwärts und sorgt durch Zuruf und Leine dafür, dass der Hund auf Führerhöhe bleibt und nicht weiter vorrückt. Schließlich tritt man das Wild heraus. Bei etwaigem Nachprellen bestraft sich der Hund alleine durch das Hineinfahren in die Korallen. Befehle irgendwelcher Art sollte man beim rohen Hund unterlassen. Erst wenn er die Grundausbildung hinter sich hat, wird er durch »Halt« vom Nachprellen oder gar Einspringen abgehalten.

Hat der Hund auf diese Weise einige Male vorgestanden, tritt der Führer das nächste Mal nicht an ihn heran, sondern bleibt in der ganzen Länge der Leine hinter ihm, pfeift ganz leise und zieht ihn an der Leine zurück. Beim Führer angekommen, wird der Hund unaufgeregt gelobt. Nach einiger Zeit lässt man den Hund zum erneuten Vorstehen wieder langsam versuchen.

Abpfeifen

Kaum ein Mittel festigt das Durchstehen so sehr wie das wiederholte Abpfeifen des vorstehenden Hundes, der danach stets wieder vorstehen darf. Deshalb empfiehlt sich diese Methode bei jeglicher Ausbildung zum Vorstehen.

Steht er wieder, geht man – immer betont langsam – an ihn heran und verfährt wie bei den ersten Übungen. Steht der Hund auch ohne unmittelbaren Gebrauch der Leine vor, kann man ihn mit der schleppenden Leine suchen lassen. Dabei wird am Federwild gearbeitet, ohne das Seil in die Hand zu nehmen. Schließlich kann dieses Hilfsmittel ganz weggelassen werden.

Kommando »Halt« als Grundlage

Als sehr wirksame Alternative wird die vorangegangene Grundausbildung im »Halt« und deren Anwendung bei der Vorbereitung für das Vorstehen empfohlen. Hat der Hund etwa sechs bis acht Wochen vor der VJP sein dressurreifes Alter erreicht, wird auf die Feldleine verzichtet. Mithilfe des »Halt« kann dem Hund in wenigen Tagen das sichere Vor- und Durchstehen beigebracht werden (siehe Seite 76 ff.).

Auf der VJP ist im Grunde lediglich die Anlage zum Vorstehen zu prüfen. Dabei wird weder ein Durchstehen verlangt noch ein Nachprellen geahndet. Immerhin aber wird ein durchstehender Hund, der sich auch beim aufstehenden Federwild ruhig verhält, ein besseres Bild abgeben als derjenige, der nach kurzem Vorstehen das Federwild hinauswirft. Dem kritischen Leser wird aufgefallen sein, dass der Ausdruck der Anlage zum Vorstehen nicht unerheblich von der erzieherischen Einwirkung des Führers abhängt. Es ist in der Tat so, dass keine andere der auf der VJP zu prüfenden Anlagen so stark manipuliert werden kann wie das Verhalten um das Vorstehen.

Der Hund steht an der langen Leine vor, während der Führer den Hund festhaltend an der Leine vorgreift und …

… beim Hund angekommen ihn durch ruhiges Auflegen der Hand lobt und dabei stetig das Kommando »Hüüüüüt« wiederholt.

Führigkeit und Gehorsam

Führigkeit und Gehorsam sind zwei grundverschiedene Dinge. Gehorsam ist das Ergebnis der Ausbildung beziehungsweise der Einwirkung durch den Führer. Demgegenüber ist die Führigkeit die natürliche Anlage des Hundes, von sich aus mit dem Führer Kontakt zu halten, sich in besonderer Weise auf ihn zu konzentrieren, sich ihm anzupassen. Die Gehorsamsausbildung eines anlagebedingt »führigen« Hundes ist einfacher, sodass auch der mit der Jagdhundeführung durchschnittlich vertraute Jäger damit zurechtkommt. Unter diesem Aspekt gilt der Führigkeit bei der Anlagenprüfung, hier bei der Jugendprüfung, eine besondere Aufmerksamkeit.

Hohe jagdliche Passion kontra Führigkeit

Bei objektiver Betrachtung ist in der Regel davon auszugehen, dass eine stark ausgeprägte jagdliche Veranlagung des Hundes zulasten der Führigkeit geht. Das zeigt sich unter anderem darin, dass der Hund immer wieder eigenwillig eigene Wege geht und sich im Rahmen seines intensiven Strebens zur Beute dem Einwirkungsbereich des Führers entzieht. Seine Konzentration ist überwiegend auf Finderwillen und Beutemachen ausgerichtet und weniger auf die Anlehnung an den Führer. Hohe jagdliche Anlagen, insbesondere der starke Drang zum Beutemachen, stehen im Gegensatz zu ausgeprägter Führigkeit. Zugleich steigen die Anforderungen an den Führer für die Gehorsams- beziehungsweise Unterordnungsausbildung.

Fazit: Der jagdlich hoch veranlagte Hund ist zunächst kein bequemer Hund, sondern wird erst über die solide Grundausbildung und sachgemäße Führung bequem, dann allerdings auch ein großartiger Partner beim Jagen!

Bei der VJP werden dem Hund keine besonderen Gehorsamsleistungen abverlangt. Vielmehr wird lediglich und ohne besondere Bewertung festgestellt, ob der Hund – nicht bei Wildberührung (!) – auf den Führer hört und sich an ihm orientiert. Er darf sich nicht in der Weise entziehen, dass seine Durchprüfung unmöglich wird.

Im Gegensatz zu den Gehorsamsleistungen wird bei der VJP die Führigkeit des Hundes wesentlich differenzierter bewertet. Die sehr gute Führigkeit kommt dadurch zum Ausdruck, dass der Hund

- während der freien Suche immer wieder den Blickkontakt zum Führer aufnimmt,
- dessen Bewegungsrichtung aus eigenem Antrieb folgt,
- freudig zum Führer hereinkommt und sich willig anleinen lässt und
- auch nach einer Hetze zügig wieder den Anschluss an den Führer sucht.

Je höher die Führigkeit, desto problemloser die Ausbildung! Insofern ist sie ein züchterisches Anliegen für die allgemeine Jägerschaft.

Nach dem Hereinkommen von der Suche setzt sich der Hund vor oder neben dem Führer und wird danach ruhig angeleint.

Positive Förderung

Das für die Führigkeit relevante Verhalten lässt sich durch Ausbildung und Führung durchaus positiv beeinflussen. Erste Schritte dafür sind im Abschnitt der Erziehung des Welpen beschrieben (siehe Seite 14). Der dort angesprochene Ruf zur Futterschüssel sollte kontinuierlich weiter gepflegt werden, das heißt, auch der junge und hungrige Hund wird regelmäßig durch ein einfaches Kommando oder einen bestimmten Pfiff zur Futterschüssel gerufen. Während der Hund von einem Gehilfen festgehalten wird – je weiter die Entfernung, desto besser –, pfeift man bei der gefüllten Futterschüssel, worauf der Gehilfe den Hund freilässt. Später geht diese Übung auch ohne Gehilfen.

Das bei der Erziehung des Welpen angesprochene »Urvertrauen« zum Führer ist eine wesentliche Grundlage und muss in allen Entwicklungsphasen gepflegt und ausgebaut werden. Jedes Hereinkommen des Hundes wird vom Führer positiv begleitet. Die innere Befindlichkeit des Führers, mit der er den Hund stets wohlwollend willkommen heißt, ist wichtiger als jede andere Handlung wie lobende Worte oder die Gabe eines »Leckerli«. Der Hund lässt sich nicht betrügen. Er registriert in erster Linie die wahre Stimmung seines Führers und richtet sich danach.

Ein Gefühl für den richtigen Zeitpunkt entwickeln

Man sollte auf keinen Fall den im Gehorsam noch nicht hinreichend ausgebildeten jungen Hund durch häufiges Rufen oder Pfeifen versuchen heranzuholen. Das gilt vor allem dann, wenn der Hund durch interessante Gerüche oder andere Eindrücke abgelenkt ist. Vielmehr sollte der Hundeführer durch konzentrierte Beobachtung feststellen, wann der Hund nicht abgelenkt ist und seine Körpersprache die Bereitschaft zum Herankommen signalisiert, um dann zu rufen beziehungsweise zu pfeifen. Zugleich bewegt man sich vom Hunde weg, ohne ihn aus dem Auge zu lassen, und empfängt ihn dann freundlich gestimmt!

Falls der Zögling nicht gleich herankommt oder zögert, ist es ein bewährtes Mittel, sich rasch seinem Blickfeld zu entziehen, das heißt sich hinter einer Deckung zu verbergen oder sich flach auf den Boden zu legen. In den meisten Fällen wird der Hund nach dem Verlust seiner Blickverbindung zum Führer diesen suchen und finden. Zudem wird der Hund nach solchen Erfahrungen häufiger den Blickkontakt suchen. Der Führer empfängt ihn stets ohne viel Aufhebens, aber wohlgestimmt. Danach wird der Hund nicht gleich angeleint, sondern nach kurzem »Sitz« erneut zum Suchen geschickt. Das gilt auch in Fällen des üblichen Herankommens. Bei häufiger Wiederholung verknüpft der Hund auf diese Weise das Wiederfinden des Führers, wie jedes Herankommen zum Führer, allein mit Freude und nicht mit Freiheitsentzug. Der Führer benötigt für solche Übungen Geduld und Zeit.

Nach hinreichender Bewegung wird sich der Hund dann bei freundlicher Grundstimmung des Führers bereitwillig anleinen lassen. Die Bereitwilligkeit findet ihren Ausdruck darin, dass der Hund sich beim Anleinen setzt und erwartungsvoll zu seinem Führer aufschaut. Das ist ein positives Merkmal seiner Führigkeit.

Fehlerhafte Führereinwirkungen vermeiden

Die bisherigen Ausführungen zur Führigkeit galten dem Hund ohne beziehungsweise mit nicht abgeschlossener Gehorsams-Grundausbildung.

Wenn es gelingt, die Gehorsamsausbildung, insbesondere die »Halt«-Dressur, bis zur Jugendprüfung im Wesentlichen abzuschließen, dann sind erhebliche Erleichterungen bei der Vorstellung der Anlagen auf der VJP gegeben. Dazu später mehr. Insofern muss eingeräumt werden, dass sich gleiche Anlagen je nach »Vorbildung« recht unterschiedlich darstellen. Darin liegen auch die besonderen Anforderungen an den Verbandsrichter bei Verbands-Jugendprüfungen begründet, wo dieser allein die Anlagen objektiv ansprechen, also erkennen und bewerten soll. In Bezug auf die Führigkeit dürfte dem Leser rasch verständlich sein, dass die richtige Abgrenzung zum Gehorsam nicht einfach ist.

Andererseits darf der Führer nicht in den Fehler verfallen, durch unangemessene – weil vom Hund noch nicht gelernte – Gehorsamseinforderung das Bild der Führigkeit zu verzerren. Nicht selten ist leider zu erleben, dass der Führer auf der Prüfung durch häufiges, zuweilen anhaltendes Rufen und Pfeifen versucht, seinen mehr oder weniger rohen Hund zu beherrschen. Damit gibt er kein gutes Bild zur Führigkeit seines Hundes ab. Er verdirbt zudem den Hund in seinem Verhalten, sich nach dem Führer zu orientieren, weil dieser die Bedeutung der Führereinwirkung überhaupt noch nicht kennt. Solange der Hund die Gehorsamsausbildung nicht durchlaufen hat, gebraucht der Führer besser keine oder wenige Lautzeichen.

Immer konsequent sein

Niemals darf dem Hund gegenüber ein Befehl gegeben werden, dessen Befolgung der Führer nicht durchsetzen kann; sei es aufgrund unzureichender Grundausbildung oder widriger Umstände, die der Führer aktuell nicht beheben kann. Er muss mit dem rohen Hund gewissermaßen diplomatische Kompromisse schließen, die seine Autorität einigermaßen unbeschadet lassen und dem Ziel nahekommen, dass der Hund sich nach ihm orientiert.

Vertrauen wieder herstellen

Zuweilen will der Hund nicht zum Führer kommen, obwohl er ansonsten alle positiven Merkmale der Führigkeit aufweist. Er hat offensichtlich durch eindrucksvoll-negative Erfahrungen in unmittelbarer Nähe zum Führer das »Urvertrauen« verloren und ist tief verunsichert. Den konkreten Grund dafür muss der Führer bei sich suchen und einen Weg zur »Wiedergutmachung« finden. Das ist nicht immer einfach, zumal wenn der Führer in seiner Befindlichkeit und entsprechenden Handlungsweise gefangen ist und seine Fehler nicht sogleich erkennen kann. Der vorübergehende Führerwechsel zu einer einfühlsamen Hand führt in der Regel zur Verhaltensänderung des Hundes. Zugleich muss sich der Führer mit der zielführenden Führungsweise des »Therapeuten« vertraut machen und daran anknüpfen, damit sich das Misstrauen des Hundes nicht wiederholt. Auf jeden Fall liegt ursprünglich kein Mangel in der Führigkeit des Hundes vor, sondern eine erworbene Verhaltensstörung durch fehlerhafte Führereinwirkung.

Art des Jagens – Laut

Stumm jagende Hunde sind nur bedingt brauchbar. Das gilt gleichermaßen für den Einsatz bei Stöberjagden wie für das Hetzen im Rahmen von Nachsuchen auf Schalenwild. Durch den laut jagenden Hund kann der Jäger sein Jagen mit dem Ohr verfolgen, was hinsichtlich der Erfolgsaussichten im Allgemeinen von entscheidender Bedeutung ist. Deshalb wird auf die Prüfung der Anlage des Hundes zum lauten Jagen besonderer Wert gelegt.

Die Zucht der kontinentalen Vorstehhunde hat diesbezüglich erhebliche Fortschritte gemacht, sodass der stumm jagende Hund inzwischen zur Ausnahme gehört. Die Prüfung erfolgt nur am Hasen oder/und Fuchs. Die meisten Hunde jagen sichtlaut, das heißt, sie geben während der Hetze Laut, solange sie das Stück Wild äugen. Der spurlaute Hund gibt auch Laut, wenn er gelegentlich bei der Spurarbeit am Hasen beziehungsweise Fuchs unmittelbar nasenmäßigen Kontakt zur Spur hat. Bei unkontrolliert-überschäumender Passion geben manche Hunde zudem Laut, ohne das Stück Wild zu äugen und ohne nasenmäßigen Kontakt zur Spur. In solchem Falle ist der Hund waidlaut. Das ist ein unerwünschter Ausdruck von Wesenslabilität.

Die Abgrenzung zwischen Spurlaut und Waidlaut ist nicht immer einfach, wenn der Spurlaut pausenlos und mit sehr hoher Intensität erfolgt. Der Spurlaut des wesensstabilen Hundes ist weniger hektisch und erfolgt nur, wenn der Hund die Spur unmittelbar wahrnimmt. Das ist im Grunde der erwünschte und züchterisch wertvollere Spurlaut.
Erfahrungsgemäß jagen locker-sichtlaute Hunde im Wald am Schalenwild auch fährtenlaut, spurlaute Hunde ohnehin.

Einfluss des Hundeführers

Die lautbezogene Art des Jagens eines Hundes ist eine reine Anlage, die durch Führung nur wenig beeinflusst werden kann. Natürlich gibt es zwischen den Arten Übergänge, sodass beispielsweise der anhaltend sichtlaute Hund je nach äußeren Umständen hin und wieder auch spurlaut jagt oder der wenig sichtlaute Hund angesichts heißer Witterung bei der Hetze einmal stumm bleibt.

Der Führer hat relativ wenige Möglichkeiten, den Laut seines Hundes zu beeinflussen, die sich im Wesentlichen auf die Grenzbereiche beschränken:

- Der Waidlaut eines Hundes lässt sich durch rechtzeitige Gehorsamsausbildung, sprich »Halt«-Dressur, noch recht gut eindämmen, indem jeder Waidlaut per Trillerpfiff mit der »Halt«-Lage geahndet wird.
- Der junge »maulfaule« Hund, dem der sichtige Hase nur wenige Laute entlockt, kann durch einen mit ihm hetzenden, auffällig laut jagenden Hund zum eigenen Lautgeben animiert werden.
- Wenn der Hund durch den Einfluss der laufenden Gehorsamsausbildung unter über-

mäßigem Druck des Führers steht, zum Beispiel bei der Ausbildung zum Gehorsam am flüchtenden Hasen, kann die Bereitschaft zum Lautgeben zeitweise eingeschränkt sein. Wenn der Gehorsam zur Selbstverständlichkeit geworden ist, kommt die individuelle Anlage zum Lautgeben wieder zum Vorschein.

- Bei einem Überangebot an Hetzen, in ebenem, weit einsehbarem Gelände, kann das Lautgeben rasch nachlassen. Deshalb ist der junge Hund von solchen Revieren fernzuhalten.
- Demgegenüber sind Spurarbeiten im Wald oder auf anderen gedeckten Flächen (siehe unter Spurarbeit Seite 41), bei denen der Hase mit großer Wahrscheinlichkeit gestochen wird, auch für den Laut förderlich.

Da Sichthetzen im Allgemeinen für die Entwicklung sauberer Spurarbeit nicht förderlich sind, ist stets abzuwägen, ob und inwieweit dem Hund zusätzliche Gelegenheiten gegeben werden, nur um seinen Laut für die Verbands-Jugendprüfung zu fördern. Die Empfehlung geht eher dahin, die Sichthetze auch in einem solchen Fall zu vermeiden, da die Spurarbeit der wichtigere Teil ist.

Gibt der Hund beim Verfolgen einer Hasen- oder Fuchsspur Laut, ist das als »Spurlaut« zu bezeichnen.

Schussfestigkeit

Die Feststellung der Schussfestigkeit ist eine Wesensprüfung. Wie bei vielen Verhaltensstörungen müssen Mängel nicht unbedingt genetische Ursachen haben. Sie können auch während der Wesensentwicklung erworben sein, zum Beispiel wenn das Hundekind im Zwinger alleingelassen den nahen Silvesterknallern ausgeliefert ist. Insofern muss bei der Erziehung des Welpen und Junghundes sorgfältig darauf geachtet werden, dass der Zögling mit dem Knall keine unangenehmen Erlebnisse verbindet, sondern Positives damit verknüpft.

Die Schussfestigkeit wird während der Suche beurteilt. Sucht der Hund auf den Schuss hin unbeeindruckt weiter oder äugt er passioniert-interessiert, eventuell auch »schusshitzig« nach einem beschossenen Beutetier, um gleich weiterzusuchen, dann gilt er als »schussfest«. Mängel sind sichtbar, wenn der Hund beim Knall Zeichen von Ängstlichkeit zeigt, etwa zusammenzuckt und dabei die Rute senkt. Wenn es dabei bleibt und der Hund anschließend weitersucht, spricht man von »leichter Schussempfindlichkeit«. Klebt er nach dem Schuss zunächst am Führer und sucht innerhalb einer Minute normal weiter, wird eine »einfache Schussempfindlichkeit« festgestellt. Beim längeren Verweilen beim Führer ist der Hund »stark schussempfindlich«. Wenn fünf Minuten überschritten werden, ist das Verhalten der »Schussscheue« gleichgestellt.

Wesensschwäche: »Schussempfindlichkeit«

Beruht die Schussempfindlichkeit allein auf einer anlagebedingten Wesensschwäche des Hundes, kann in der Regel nicht erfolgreich korrigiert werden. Der Hund erfüllt von vornherein nicht den Anspruch an einen Jagdhund für sauberes Jagen. Der Jäger sollte dann darüber nachdenken, ob beziehungsweise inwieweit die »Berufsausbildung« zum brauchbaren Jagdhund sinnvoll ist. Während der Hund mit »einfacher Schussempfindlichkeit« noch jagdlich brauchbar sein kann, ist seine Zuchttauglichkeit in jedem Fall ausgeschlossen.

Schussempfindlichkeit frühzeitig beheben

Der Führer sollte rechtzeitig abklären, ob sein Hund irgendwelche Anzeichen der Schussempfindlichkeit zeigt. In vielen Fällen lassen sich Mängel beheben, insbesondere wenn zwischen Hund und Führer ein gutes Vertrauensverhältnis besteht.

Mit der Reizangel

Wenn der Hund als Welpe auf die Reizangel geprägt ist, das heißt auch als erwachsener Hund mit ungebremster Passion daran jagt, kann das Problem in vielen Fällen relativ leicht gelöst werden. Während der Hund hinter dem Beutestück herjagt, gibt eine Hilfsperson in einer Entfernung von ca. fünfzig Metern einen Schuss ab. Direkt danach sollte der Hund das Beutestück greifen können, sodass der Knall mit dem Lusterlebnis gekoppelt wird. Wenn das ohne Verhaltensbeeinträchtigung klappt, erfolgt der Schuss in zunehmend geringerer Entfernung. In einer weiteren Variante kann der Hund auch mit dem Knall unmittelbar zum Jagen an der Reizangel aufgefordert werden. Das Ziel ist dabei immer, den Knall mit einem Lusterlebnis des Hundes zu verbinden!

Mit dem Telebock

Als anderes, in vielen Fällen erfolgreiches Hilfsmittel erweist sich ein »Attrappenwerfer«. Der Knall der abgeschossenen Patrone ist mit dem hinausgeschleuderten Gegenstand verbunden, was zugleich die lustvolle Aufmerksamkeit des Hundes erweckt. Er darf sogleich hinterher toben, greifen und – ohne jeglichen Zwang – gegebenenfalls bringen. Derartige Geräte sind zudem als Hilfsmittel im Rahmen der Gehorsamsausbildung nützlich, zum Beispiel als starke Ablenkung beim Durchsetzen der Schussruhe des abgelegten Hundes.

Schussabgabe während der Hetze

Am besten aber eignet sich das Erlegen von Kaninchen oder anderem Wild vor dem hetzenden Hund, um Empfindlichkeiten bei der Schussabgabe zu beseitigen. In den meisten Fällen überlagert die jagdliche Passion des Hundes seine Ängstlichkeit vor dem Knall, sodass seine (erworbene) Schussempfindlichkeit verschwindet. Stattdessen wird der Hund »schusshitzig«, das heißt, er reagiert auf den Schuss unkontrolliert beutegierig, was mittels der Gehorsamsausbildung wieder in rechte Bahnen zu lenken ist.

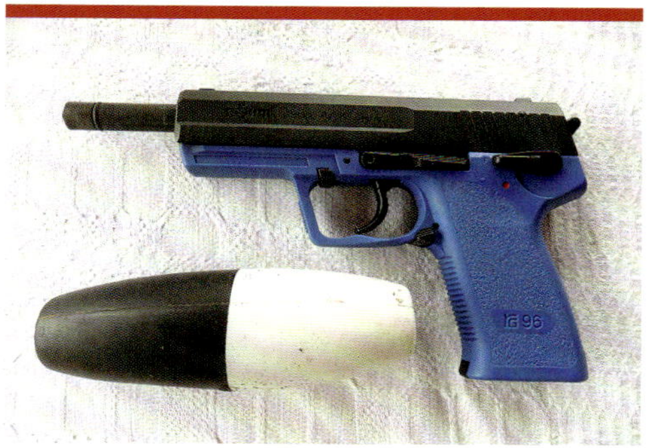

Beispiel eines »Attrappenwerfers« mit zugehörigem Wurfgegenstand.

Durch die gezündete Gasdruckpatrone wird der Wurfgegenstand bis 60 Meter weit geschleudert.

Der Hund bringt freudig den hinausgeschleuderten Wurfgegenstand.

Entwicklung und Förderung der Anlagen mithilfe der Dressur

Es mag auf den ersten Blick merkwürdig erscheinen, durch die Dressur Anlagen entwickeln und fördern zu wollen. Der Begriff »Dressur« ist im gegenwärtigen Zeitgeist zudem negativ belegt. Wie bereits im Vorwort und ersten Abschnitt über die Früherziehung angesprochen, bedürfen die Anlagen eines Hundes der rechtzeitigen Entwicklung und Förderung. Durch Dressur, das heißt vor allem durch Gehorsamsausbildung, kann die Anlage in erheblicher Weise besser zum Ausdruck kommen. Das gilt insbesondere für den Hund mit unbändigem Antrieb zum Beutemachen. Dieser verfügt einerseits über eine außerordentlich hohe jagdliche Veranlagung, die es andererseits zu beherrschen gilt, was nur über eine entsprechende Gehorsamsausbildung gelingt. Wenn auch der überwiegende Teil der Hunde nicht besonders schwerführig ist, bietet die vorangegangene solide Gehorsamsausbildung (Dressur) eine sehr gute Voraussetzung, die jagdrelevanten Anlagen des Hundes auf den Anlagenprüfungen deutlicher zum Ausdruck kommen zu lassen.

Die Bedeutung der »Halt«-Ausbildung für die Fächer der VJP

Im Zentrum steht dabei die »Halt«-(»Down«-) Ausbildung. Spurarbeit, Suche, Vorstehen und nicht zuletzt der Nasengebrauch können durch diese Gehorsamsausbildung enorm unterstützt werden. Im Grunde geht es jeweils darum, den Willen des Hundes zum Beutemachen zu beherrschen, ihn zu zielführender Besonnenheit zu erziehen.

Zudem ist angesichts heutiger Straßenverkehrsdichte die anspruchsvolle Gehorsamsausbildung eine Lebensversicherung für den Hund, wenn er bei drohender Unfallgefahr zuverlässig den Zuruf oder Trillerpfiff quittiert. Dieser Aspekt ist nicht zu unterschätzen.

Voraussetzung ist eine wirklich sorgfältige Stubendressur, in der der Hund neben der allgemeinen bedingungslosen Unterordnung gelernt hat, dass das vorschriftsmäßige »Halt« das Wichtigste seines Hundelebens ist. Durch hundert- und tausendfache Wiederholung in unterschiedlichen Situationen, auch bei unerwartet eintretenden oder künstlich herbeigeführten Ablenkungen, muss ihm das blitzartige Zusammenklappen auf Trillerpfiff oder Zuruf in Fleisch und Blut übergegangen sein.

Im ersten Abschnitt zur Vorbereitung auf die HZP sind nähere Erläuterungen zur »Halt«-Dressur gegeben (s. S. 76 ff.). Führt der Hund im Revier, ohne Ablenkung durch Wild, die Übung bis auf Entfernungen von etwa zweihundert Schritt korrekt aus, beginnt die eigentliche Arbeit am Wild.

Zweckmäßigerweise beginnt man in Verbindung mit der Suche und dem Vorstehen am Federwild, weil das erheblich einfacher ist, als die

Gehorsam am aufstehenden Fasan: Der im »Halt« ausgebildete Hund bleibt am Platz und äugt lediglich dem Fasan nach.

»Halt«-Übung am flüchtenden Hasen, der beim Hund den größten Folgereiz auslöst. Die Prüfungsfächer mit Unterstützung durch die »Halt«-Übungen werden im Folgenden abgehandelt.

Die Verbesserung der Suche mithilfe der »Halt«-Dressur

Die Suche kann bei stürmischen, sehr weit gehenden Hunden durch »Halt« deutlich verbessert und in geregelte Bahnen gelenkt werden. Für Hunde, die dazu neigen, sich selbstständig zu machen, ist »Halt« das einzig sichere Mittel, diesen Fehler in kurzer Zeit zu beseitigen.

So geht's

Dazu trillert man den Hund in einer Entfernung von höchstens 100 bis 120 Schritten nieder, lässt ihn einige Sekunden liegen, gibt als Zeichen des Wechsels in die Gegenrichtung den lang gezogenen Pfiff und geht selbst gleichzeitig in die gewünschte Richtung. Wichtig ist hierbei vor allem ein schnelles Niederlegen des Hundes. Dabei ist es dann nicht wichtig, dass der Hund den Kopf auf die Vorderläufe legt. Sollte er auf den Pfiff nicht prompt reagieren, verlangt man sofort die ihm aus der Stubendressur bekannte Kriechübung. Danach wird er in der Regel dem Befehl wesentlich besser Folge leisten.

Ansonsten verfährt man bei der Suche wie auf Seite 47 f. beschrieben, nur mit dem Unterschied, dass man dem Hund das Wenden nicht selbst überlässt, vielmehr ihn jedes Mal »Halt« machen lässt, wenn er sich 100 bis 120 Schritte entfernt hat. In wenigen Tagen, manchmal nur Stunden wird der junge »Durchbrenner« sich zügeln und sich regelmäßig nach seinem Führer richten. Das Trillern wird daraufhin eingestellt und die Aufmerksamkeit des Hundes über den lang gezogenen Einfachpfiff eingefordert. Sollte der Hund diesen ignorieren oder sich wieder einmal entziehen wollen, folgt unmittelbar wieder der Trillerpfiff.

Kurzfristige Verschlechterung möglich

Durch allzu viele Übungen kann die Suche weniger flüssig und unfrei werden, was jedoch nur vorübergehend andauert. Die Anpassung an den Hundeführer wird für den Hund zur Normalität werden. In diesem Rahmen wird er wieder zur freien Suche finden.

Die Verbesserung der Nasenarbeit mithilfe der »Halt«-Dressur

Die objektive Riechfähigkeit durch Dressur verbessern zu wollen ist nicht möglich. Demgegenüber kann der Nasengebrauch, der im Grunde geprüft wird, durchaus mithilfe von »Halt«-Übungen unterstützt werden.

So geht's

Bei jedem geringsten Anzeichen der nasenmäßigen Wahrnehmung von Wild lässt man den Hund per »Halt« (Zuruf oder Trillerpfiff) zusammenklappen. Das setzt natürlich eine sorgfältige, konzentrierte Beobachtung des Hundes während der Arbeit voraus. Daraufhin geht man zum Hund hin, legt die Hand unaufgeregt auf seinen Kopf oder Rücken und fordert ihn zur Weiterarbeit auf. So erfährt der Hund zum einen das Interesse des Führers, zum anderen lernt er, die Wildwitterung selbstbeherrscht und sorgfältig zu untersuchen.

Ebenso soll der Hund beim Aufstehen von Federwild augenblicklich per »Halt« zusammenklappen. Danach begibt sich der Führer zu der Stelle, wo das Wild saß, lässt den Hund herankommen, erneut »Halt« machen und danach die Stelle mit der Nase untersuchen. Bei dieser Führung wird der Hund in kurzer Zeit so vorsichtig, dass er auf den geringsten Wildwitterungshauch mit langsamerer Bewegung und gegebenenfalls Vorstehen reagiert. Sowohl der Nasengebrauch wie auch das Vorstehen können auf diese Weise gefördert werden.

Festigen des Vorstehens mithilfe der »Halt«-Dressur

Das Vorstehen bei einem jungen Hund mithilfe der »Halt«-Übungen zu festigen und ihn zu absolut sicherem Vorstehen auszubilden dürfte die leichteste Aufgabe sein, die einem Führer gestellt wird. Das Vorstehen beziehungsweise Vorliegen ist jedem auf Federwild passionierten jungen Hund in kürzester Zeit beizubringen, sofern er eine saubere »Halt«-Ausbildung hinter sich hat. Es ist nicht einmal übertrieben, dass unter den genannten Voraussetzungen in einem guten Fasanenrevier jeder Deutsche Wachtel oder andere Stöberhund binnen vier Wochen dazu zu bringen ist, dass er Fasanen vorsteht oder mindestens vorliegt und sie nicht herausstößt.

So geht's

Beim Hund, der dieses »Halt« in der Stubendressur gelernt hat, es draußen im Revier ohne Wild zuverlässig auch auf Entfernungen von 150 bis 200 Schritt macht, ist die lange Feldleine als Hilfsmittel entbehrlich. Der Führer muss den Hund sehr konzentriert beobachten und ihn beim ersten Anzeichen des Anziehens oder Markierens von Wild augenblicklich niederpfeifen. Auch hier kann man dem Hund das Hochhalten des Kopfes gestatten. Es ist auch in Ordnung, wenn er mit der Vorhand aufgerichtet bleibt. Der Hundeführer geht dann ganz langsam an den Hund heran und bleibt zwischendurch in nicht zu weiter Entfernung (zehn bis zwanzig Schritt) einmal einige Zeit stehen. Beim Hund angekommen, wird die Hand behutsam liebkosend auf den Hals und Rücken gelegt und der Hund halblaut, fast flüsternd mit den Worten »So recht, mein Hund« gelobt. Jeder Versuch vorwärtszudrängen, wird mit kurzem scharfem »Halt« im Keim erstickt.

Und dann geht es nach zwei bis drei Minuten, wie auf Seite 51 f. beschrieben, mit »Voran, mein Hund« und »Hüüüt« langsam vorwärts an das Wild heran. Statt der Leine verwenden wir ein kurzes »Halt«, wenn der Hund zu große Heftigkeit zeigen sollte. Nach einigen Wiederholungen kann auch das Abpfeifen des vorstehenden Hundes, wie auf Seite 52 angegeben, geübt werden, indem man – hier ohne Leine – zunächst wenige Schritte hinter den Hund tritt und ihn abpfeift. Erst wenn er dies einige Male einwandfrei gemacht hat, wird die Entfernung allmählich vergrößert.

Mit Konsequenz zum Ziel

In einem guten Federwildrevier bringt man einen Hund, der schon Vorstehanlage zeigte, binnen zwei bis drei Tagen zum sicheren Durchstehen. Ein Hund, bei dem die Vorstehanlage noch nicht sichtbar zum Durchbruch kam und vom Greifer- und Hetzwillen überlagert ist, ist das völlig sichere Durchstehen in längstens vierzehn Tagen zu erreichen. Voraussetzung ist lediglich die sorgfältige »Halt«-Dressur bei absolut konsequentem Verhalten des Führers.

Eine Ausbildungsetappe: Auch wenn der Führer sich abwendet, bleibt der Große Münsterländer zuverlässig in der »Halt«-Lage.

Unter gar keinen Umständen darf ein Nichtgehorchen hingenommen werden. Sollte der Hund den verstandenen Befehl nicht ausführen und, statt in die »Halt«-Lage zu gehen, das Wild herausstoßen, folgt unmittelbar an der Dressurhalsung und Leine eine ausgiebige Kriechübung bis zu der Stelle, an der er liegen sollte. Hier muss der Hund nun mehrere Minuten, mit vorschriftsmäßiger Kopfhaltung, liegen bleiben und anschließend werden einige Gehorsamsübungen (»Hier« und »Halt«) mit peinlichster Genauigkeit vorgenommen. Beim Ungehorsam gegenüber dem Befehl »Halt« kann man nicht nur, sondern muss man mit absoluter Konsequenz und gegebenenfalls auch Härte vorgehen. Darin und in der vorhergegangenen, sorgfältigen Stubendressur liegt das ganze Geheimnis der Beherrschung des Hundes.

Problem Vorliegen?

Die teilweise geäußerte Besorgnis, dass der Hund sich statt des Vorstehens durch dieses Verfahren das Vorliegen angewöhne, ist bei den kontinentalen Vorstehhunden unbegründet. Der Verfasser hat jedenfalls noch keinen Hund kennengelernt, der deswegen später vorlag. Das kann im Einzelfalle bei einem nach diesem Verfahren gearbeiteten jungen Hund für einige Tage der Fall sein, gibt sich aber, sobald er nicht mehr unter dem Druck der Ausbildung steht und das Vorstehen am Wild inzwischen zu seinen gewohnheitsmäßigen Verhaltensweisen gehört. Vorliegen kommt vor, wenn der Hund in schnellem Lauf plötzlich die volle Wildwitterung wahrnimmt, das heißt so ruckartig reagiert, dass er von den Läufen kommt und in dieser Stellung erstarrt. Das gewiss schöne Bild hat mit dem eigentlichen Vorliegen nichts zu tun.

Die Entwicklung der Spuranlage mithilfe der »Halt«-Dressur

Die Spurarbeit am nicht sichtbaren Hasen (oder Fuchs) kann ebenfalls mittels »Halt« nennenswert gefördert werden. Es gilt allgemein, dass alle im Übermaß gebotenen Genüsse an Reiz verlieren. Wird ein Hund häufig in einem reichlich mit Hasen besetzten Revier geführt, lässt dieser normalerweise bald in seinen Spurleistungen nach, obwohl er sich zu Beginn durch vieles Üben gesteigert hatte. Dem kann man dadurch vorbeugen, dass freie Hasenhetzen per »Halt« vermieden werden oder er nur in hasenarmen Revieren suchen darf.

Der Weg zum Wildgehorsam

Das Haltmachen am Hasen ist erst die letzte Etappe im Werdegang der »Halt«-Ausbildung. Der Hase darf nicht das alleinige Objekt für diese Übung sein, sondern nur eines unter vielen und unter diesen das letzte, weil der Hase den stärksten Gegenreiz auslöst.

Vorher übt man während vielerlei Ablenkungen, unter anderem in Verbindung mit der Reizangel und an allem anderen Wild. Der Hund muss lernen, dass nicht das Verfolgen des Ablenkungsreizes ein Strafgrund ist, sondern allein das Nichtbefolgen des verstandenen »Halt«-Befehls!

Denn nicht der »wildreine«, sondern der »wildgehorsame« Hund ist das Ziel!

Es liegt also nahe, die »Halt«-Ausbildung in hasenreichen Gegenden schon vor der VJP durchzuführen! Das beste und sicherste Mittel, um den Spurwillen – auch bei älteren Hunden – zu erhalten, ist das »Halt« auf Trillerpfiff an jedem sichtbaren Hasen. Gelegentlich sollte der Hund sofort anschließend die Spur an der langen Leine oder frei ausarbeiten dürfen.

Erziehung zum Gehorsam am Hasen

Der Hund soll nicht hasenrein in dem Sinne sein, dass er von selbst den Hasen unbeachtet lässt. Vielmehr muss das starke Verlangen, ihm zu folgen, erhalten bleiben! Lediglich das »Halt« auf Zuruf oder Trillerpfiff zwingt ihn an den Boden. Fiebernd erwartet er die erlösende »Erlaubnis«, der Spur folgen zu dürfen. Bei dieser Führungsart lernt der Hund, dass er nur durch die Spurarbeit an den Hasen herankommt. So wird er vor unnötigen und schließlich schädlichen Sichthetzen bewahrt.

In gut besetzten Niederwildrevieren, ist es relativ einfach, den jungen Hund bereits zur Zeit der Jugendprüfung dazu zu bringen, sich am aufstehenden Hasen halten zu lassen. In hasenarmen Revieren ist es dagegen deutlich schwieriger. In diesen ist es aber auch weniger relevant, da der Hund dort ohnehin nicht der Gefahr der Übersättigung ausgesetzt ist.

Der Gehorsam am Hasen ist ein anspruchsvolles Ausbildungsziel.

Um unnötige Wiederholungen zu vermeiden, sind die »Halt«-Übungen im Kapitel »Der Weg zum Gehorsam am Hasen« (siehe Seite 89 ff.) behandelt. Für die jagdliche Praxis wie auch für die Herbstzuchtprüfungen muss der Hund ohnehin den Gehorsam am Hasen lernen, und so ist es von Vorteil, dies so früh wie möglich einzuleiten. Das Verfahren ist hundertfach erprobt.

Es darf jedoch nicht außer Acht gelassen werden, dass bei dieser Einarbeitungsart vorübergehend die Suche und der Laut des jungen Hundes beeinträchtigt werden können. Die durch die notwendigerweise häufigen »Halt«-Übungen eintretenden Hemmungen können in einigen Tagen überwunden sein, unter Umständen aber auch mehrere Wochen andauern. Der Führer muss sich also rechtzeitig entscheiden, welchen Weg er einschlagen will. Er läuft eventuell Gefahr, den selbstverständlichen Gehorsam des Hundes am Hasen nicht rechtzeitig zu erreichen, sodass die Anlagen für die Suche und den Laut auf der VJP nicht angemessen zur Geltung kommen.

Gehorsam und Führigkeit

Gehorsam wird durch die solide »Halt«-Dressur außerordentlich gefördert. Jeder Ungehorsam kann damit korrigiert werden. Durch das »Halt« ist der Hund stets unter Kontrolle. Es sei darauf hingewiesen, dass Mängel in der anlagebedingten Führigkeit durch guten Gehorsam relativiert werden können.

Die Führung während der letzten zwei Wochen vor der VJP

Von Februar bis etwa eine Woche vor der Jugendprüfung wird der junge Hund fleißig in den einzelnen Fächern vorbereitet. Der Hund sollte neben seinem ausgeprägten Finderwillen bei der Suche sein Interesse einigermaßen ausgewogen auf Federwild und Hasen entwickelt haben. Nicht selten aber stellt sich heraus, dass der Hund besondere Vorliebe für die eine oder andere Wildart zeigt, dass er entweder mehr zum Tasten neigt, das heißt am Federwild sehr vorsichtig und sorgfältig arbeitet, der Hasenspur aber nicht zäh und weit genug folgt oder dass er zwar mit viel Spurwillen die Hasenspur kilometerweit ausarbeitet und dem Hasen bis in die bekannte »aschgraue Pechhütte« folgt, im Vorstehen aber Schwierigkeiten macht, Huhn und Fasan gern hinausstößt.

Für die VJP kommt es darauf an, den Hund nicht einseitig einzustellen. Er soll seine Anlagen für das Vorstehen und die Spurarbeit möglichst gleichmäßig zeigen. Der erstklassige Hund

Regelmäßige Bewegung braucht der VJP-Kandidat in jedem Fall. Wildkontakt ist in den letzten Tagen vor der Prüfung jedoch zu vermeiden.

Meisterstück

Den Greifertyp zum zuverlässigen Vorstehen zu bringen ist eine relativ einfache Gesellenaufgabe, dem »Taster« aber den Spurwillen zu vermitteln, ist ein Meisterstück, das keineswegs immer gelingt.

muss über so viel geistige Beweglichkeit verfügen, dass er, je nach Wildart, angemessen umschaltet, das Federwild mit hoher Nase sucht und vorsteht, auf der Spur des Hasen aber die Nase an den Boden nimmt und der Spur zäh, ruhig und sicher über alle schwierigen Stellen hinweg folgt.

Dieses Gleichgewichthalten macht manchem Führer Schwierigkeiten. Oft sieht man einerseits den Hund, der sehr ausgeprägte Vorstehanlagen zeigt, auf der Hasenspur aber nach zweihundert Schritt beim ersten Haken oder bei anderen Klippen aufgibt, andererseits den hervorragenden Spurhalter, der am Federwild nicht zu halten ist. Bei letzterem kommt hinzu, dass er am Federwild scheinbar keinen Nasengebrauch zeigt. Hier ausgleichend einzugreifen ist Sache des Führers, denn keineswegs ist es immer so, dass dem Hund nur die eine oder die andere Eigenschaft »im Blut liegt«.

Sehr oft ist die Vernachlässigung der einen Wildart auf unsachgemäße Führung zurückzuführen, die gegebenenfalls ihre Ursache in den vorhandenen Revierverhältnissen hat. Dies wurde schon bei den Ausführungen über die Führung der Hunde in der hasenreichen Ebene angesprochen. In einem federwildarmen Revier bedarf der Greifer besonderer Beachtung. Es gibt nur die Wahl, entweder den Hund häufig an Federwild zu bringen (Revierwechsel) oder bei geringer Federwildgelegenheit die »Halt«-Dressur zu Hilfe zu nehmen. In einem hasenreichen Revier darf der Taster nur geführt werden, wenn er zum Gehorsam am Hasen ausgebildet ist. So können ihm die Spurarbeiten in kontrollierter, dosierter Anzahl gegeben werden, ohne dass eine Übersättigung eintritt.

Vorbereitung für die Prüfung

Für die letzten Prüfungsvorbereitungen empfiehlt sich folgende Vorgehensweise:

- Der unzureichende Spurarbeiter wird im gut besetzten Federwild-Revier nicht mehr geführt. Für ihn ist der Wald oder ein Revier mit unübersichtlichen Geländeverhältnissen von Vorteil, wo Huhn und Fasan ganz fehlen und er dem Hasen nicht mit dem Gesicht, sondern nur mit der Nase folgen kann und muss.
- Der schwache Vorsteher wird einige Tage in einem Revier mit viel Federwild geführt. Ist er im »Halt« durchgearbeitet, wird ein einziger Tag genügen.

Der Prüfungstag rückt näher, und mancher Anfänger sagt sich: »Die letzten Tage muss ich noch ordentlich ausnutzen.« Jetzt soll das Versäumte nachgeholt werden, und gerade dadurch verdirbt er sich seine bestehenden Chancen. Die letzten drei bis fünf Tage vor der Prüfung soll der Hund überhaupt nicht an Wild gebracht werden. Ausreichende Bewegung, Ruhe und gehaltreiche Ernährung sind dienlich.

Die Führung bei der Prüfung

Und dann bricht der Tag der Prüfung an. Gleich zu Beginn wird gewöhnlich der unverzeihliche Fehler gemacht, den Hund für den anstrengenden Tag ordentlich zu stärken. Der Arbeitsstil eines vollgefressenen Hundes ist gegenüber dem eines hungrigen Hundes schlechter, seine Leistungsfähigkeit erheblich herabgemindert. Durch reichliches Füttern am Morgen der Prüfung werden die besten Aussichten verdorben. Die gute Erfahrung lehrt, dass der Hund am Vorabend nicht viel, aber gehaltreiches Futter bekommen soll. Am Prüfungstag selbst geht es nüchtern ins Revier.

Weniger ist manchmal mehr

Der Hund ist ein Raubtier, und das gelegentliche Überschlagen einer oder auch zweier Mahlzeiten schadet dem sonst gut gehaltenen und genährten Hund nicht, sondern ist seiner Gesunderhaltung nur förderlich. Er wird deshalb nicht »schlappmachen«. Im Gegenteil, seine ganze Arbeitsweise wird flotter und ansprechender, während der reichlich gefütterte Hund faul und langsam arbeitet. »Ein voller Bauch studiert nicht gern« gilt auch für den Hund.

Alles wie immer

Unmittelbar vor der Prüfung lässt man den Hund frei auslaufen. Während der Prüfung behandelt man seinen vierläufigen Freund wie immer. Auf jeden Fall ist es jetzt zu spät, irgendwelche Verbesserungen vornehmen oder Neuerungen einführen zu wollen.

Chancen nutzen

Als Hundeführer sollte man sich stets in der Nähe der Richter aufhalten und ihnen mit seinem Hund in 100 bis 200 Schritt Entfernung folgen. Oft ergibt sich dabei für den immer in erreichbarer Nähe befindlichen Hund eine Gelegenheit, sein Können auf einer Hasenspur oder am Federwild, das man einfallen sah, zu zeigen. Hundeführer, die sich irgendwo in die Sonne setzen und darauf warten, dass sie geholt werden, verpassen diese Gelegenheiten.

Folgt man der Verbandsrichtergruppe möglichst nahe, kann man auch den jeweiligen Prüfling und dessen Führer beobachten. Jeder kann von der Führung anderer lernen, sei es, wie es gemacht werden soll oder auch nicht. Während solcher Beobachtungen kann man zuweilen auch registrieren, wie oft der Führer ohne Erfolg nach seinem Hund ruft. Bei anderen sieht man die Fehler oft deutlicher als bei sich selbst.

Vorbereitung zur Spurarbeit

In Erwartung der Aufforderung zur Spurarbeit hat es sich bewährt, dass der Führer dafür gut vorbereitet ist und sich auf die bevorstehende Aufgabe konzentriert.

- Der Führer sollte immer verhindern, dass sein Hund den flüchtenden Hasen äugt. Der Hund arbeitet dann in der Regel wesentlich beherrschter und damit sicherer auf der Spur. Andernfalls tobt er übereifrig dem verschwundenen Hasen hinterher, sodass die Richter dann eine Spurarbeit gar nicht bewerten können.
- Zudem sollte der Führer eine etwa fünf bis sieben Meter lange Feldleine stets unmittelbar zur Hand haben, die er seinem Zögling, der die Spurarbeit am Schweißriemen beziehungsweise an der langen Feldleine kennt, rasch durch die Halsung zieht und ihn so auf der Spur ansetzt. Nachdem der Hund die Spur aufgenommen hat, folgt der Führer bis maximal dreißig Meter weit, lässt dann das eine Leinenende fallen und den Hund aus diesem Übergang heraus frei weiterarbeiten. So bleibt die Konzentration des Hundes auf die Spurarbeit erhalten. Das Ergebnis fällt entsprechend positiv aus.
- Wird man zur Suche aufgerufen, sollte man sich zunächst nach der allgemein einzuschlagenden Richtung erkundigen. Der Führer sollte seinen Hund bei der Suche gegen die Windrichtung durch eigenen Zickzackkurs unterstützen.

Strafe ist tabu

Der Hund befindet sich bei der Prüfung nicht in der Ausbildung, sondern soll seine Anlagen beziehungsweise deren Entwicklung zeigen. Dressurhilfsmittel sind während der Prüfung nicht erlaubt. Dementsprechend wird der Hund dabei niemals gestraft – aus welchen Gründen auch immer.

- Neben seinem Hund, den man stets im Blick haben sollte, sollte man hin und wieder auch einen Blick auf die Verbandsrichter werfen. Gar zu oft läuft ein Führer einfach los, entfernt sich dabei viel zu weit von den Richtern und ist dann enttäuscht, wenn diese eine Arbeit des Hundes nicht sehen. Gewiss soll der Richter am Hund und seinem Führer kleben, aber schließlich hat auch das seine Grenzen. Auf jeden Fall kann es für den Führer von Vorteil sein, stets in naher Verbindung zu den Verbandsrichtern zu bleiben.

Mit Training zum Erfolg

Beachtet man als Hundeführer unter Berücksichtigung der jeweiligen Zusammenhänge die vorstehenden Hinweise, so wird man ehrenvoll abschneiden. Das ist nicht immer mit hoher Punktezahl verbunden. Dazu ist nicht jeder Hund veranlagt und zuweilen gibt es auch »Suchenpech«.

Der Führer sollte allerdings die Leistungen beziehungsweise Verhaltensweisen seines Hundes bei der Prüfung nicht durch die »rosarote Brille« sehen, sondern selbstkritisch begleiten. Aufrichtiger Ehrgeiz ist gut, aber unkontrollierter Ehrgeiz ist es nicht und stimmt niemanden zufrieden. Man bemühe sich stets selbst um die Wesensstabilität, die man bei seinem Hund so gern feststellt.

Dem Führer wird angesichts seines sachlichen Auftretens, der fleißigen Vorbereitung und zielführenden Behandlung des Hundes die Anerkennung der Richter, Zuschauer und anderen Hundeführer sicher sein.

Der VJP-Führer setzt seinen Hund mit der doppelten Leine auf der Spur an, lässt ihn sich auf der Spur festsaugen, folgt maximal 30 Meter …

… und lässt dann das eine Leinenende fallen, sodass der Hund die Spurarbeit ohne Unterbrechung und frei fortsetzen kann.

Die Herbst-Zucht-Prüfung – Vorbereitung und Führung

Die Herbst-Zucht-Prüfung (HZP) darf ab dem 1. September durchgeführt werden und ist im Kern auch eine um die Wasserarbeit erweiterte Anlagenprüfung. Sie beinhaltet aber zudem bereits Ausbildungselemente wie das Apportieren und anspruchsvollere Gehorsamsanforderungen, die für den Werdegang des dann etwa eineinhalb Jahre alten Hundes von Bedeutung sind.

Die Königsdisziplin der Gehorsamsausbildung – das »Halt«

Das Entscheidende für die erfolgreiche Führung des Jagdgebrauchshundes ist seine Unterordnung. Die Art und Weise, wie und mit welcher Selbstverständlichkeit er in allen Lebenslagen dem »Halt«-Befehl Folge leistet, ist der Maßstab für seinen Gehorsam. Hat der Hund diese Übung fest verinnerlicht, werden alle anderen Ausbildungslektionen erheblich einfacher umgesetzt.

Die absolute Führerautorität wird damit etabliert. Der Hund lernt, sich dem Willen seines Herrn bedingungslos unterzuordnen, was vor allem bei antriebsstarken, das heißt hoch veranlagten Jagdhunden von besonderer Bedeutung ist.

Im Bewusstsein, dass mancher Leser diese Art der Hundeausbildung nicht akzeptieren will, weise ich nochmals darauf hin, dass der jagdliche Antrieb des Jagdhundes in Konkurrenz zu seiner Unterordnungsbereitschaft steht, wobei ersterer zunächst stets die Oberhand behält. Die Unterordnung des Hundes in allen Lebenslagen ist jedoch Voraussetzung für kontrolliertes, erfolgreiches gemeinsames Jagen und im Hinblick auf die zunehmende Straßenverkehrsdichte zudem eine Lebensversicherung für den Hund! Nach abgeschlossener Ausbildung wird er im Rahmen gelernter Unterordnung ohne jegliche Einschüchterung in einvernehmlicher Zweisamkeit mit dem Führer jagen.

Angesichts der weittragenden Bedeutung der »Halt«-Ausbildung soll hier deren Weg beschrieben werden, wie schließlich der Gehorsam am Wild erreicht und für den Hund zur Selbstverständlichkeit wird.

Das »Halt«

Das »Halt« unterscheidet sich trotz ähnlicher Körperhaltung, sowohl hinsichtlich seiner Funktion wie auch der Befindlichkeit des Hundes deutlich vom »Platz« beziehungsweise »Ablegen«. Darauf wird später noch einmal eingegangen. Das »Halt« ist für den Hund eine relativ harte Übung, die eine vorübergehende Einschüchterung nach sich ziehen kann. Das darf den Führer jedoch nicht davon abhalten, einerseits mit Durchsetzungswillen und konsequentem Handeln, andererseits einfühlsam und selbstbeherrscht die »Halt«-Ausbildung durchzuführen. Die grundsätzlich gute Bindung zwischen Führer und Hund ist jedoch Voraussetzung. Wenn das kleine Rudel aus Herr und Hund bereits im Welpenalter begründet wurde, ist das die beste Bedingung. Auch die bereits angesprochene »Demutshaltung« als früher Schritt selbstverständlicher Unterordnung ist eine wichtige Voraussetzung. Aber auch wenn

»Halt« bedeutet kompromisslose Unterordnung gegenüber dem Führer, ist Grundlage der jagdlichen Zusammenarbeit und zugleich Lebensversicherung angesichts zunehmenden Straßenverkehrs.

der einfühlsame Ausbilder den Hund erst als Jährling in die Hand bekommt, entwickelt sich noch ein hinreichendes Vertrauensverhältnis.

Zudem bedarf es beim Hund einer entsprechenden körperlichen und geistigen Reife für den Beginn der »Halt«-Dressur, die beim wesensstabilen Jagdhund im Alter von etwa neun Monaten erreicht ist. Es ist empfehlenswert, mit der »Halt«-Ausbildung vor oder zumindest parallel zur Apportier-Ausbildung zu beginnen. Lediglich bei wesenslabilen Hunden kann es angesichts der vorübergehenden psychischen Belastung sinnvoll sein, die Apport-Ausbildung voranzustellen.

Lektion 1: Dem Hund die Übung vermitteln

Der angeleinte Hund sitzt mit umgelegter Dressurhalsung links neben dem Führer. Die Leine ist locker umgehängt. Die rechte Hand des Führers liegt auf dem Hals, die linke auf der Kruppe. Unter gleichzeitig energischem »Halt«-Befehl wird der Hund niedergedrückt. Bei den allerersten Übungen sollte man den Druck auf das Dressurhalsband vermeiden und stattdessen nur auf den Hals drücken. Oft wird der Hund dabei mit der Hinterhand hoch wollen. Das wird durch Niederhalten der Kruppe mit der linken Hand verhindert. Gebückt stehend und den Hund festhaltend, wird nun der Hund verhalten mit »So ist brav« oder »So recht« gelobt und wenigstens eine halbe Minute in dieser Stellung verharrt.

Bei diesen ersten Übungen ist die korrekte Lage des Hundes noch nicht so wichtig, man sollte jedoch von Anfang an mit peinlicher Sorgfalt auf die Kopfhaltung am Boden achten und unter keinen Umständen ein Hochnehmen des Kopfes gestatten. Es kommt darauf an, dem Hund begreiflich zu machen, dass ihm beim Liegen mit »am Boden klebendem« Kopf nichts geschieht, er in dieser Lage allen unangenehmen Einwirkungen entgeht, während das Erheben des Kopfes oder gar das Aufstehen ohne Befehl »wehtut«.

Sobald der Hund beim Liegen keinen Versuch zum Aufstehen mehr macht – das wird gewöhnlich schon nach 5 oder 10 Übungen der Fall sein –, wird der Druck der Hände gelockert. Sollte der Hund jedoch Anstalten machen, den Kopf zu heben oder gar aufzustehen, wird er bei wiederholtem »Halt«-Befehl sofort wieder ruckartig nach unten gedrückt. Die Übungen werden so lange wiederholt, bis der Hund beim Wegnehmen der Hände und Aufrichten des Führers ruhig und fest am Boden klebend liegen bleibt.

Lektion 2: »Hier« und »Sitz« beenden die Übung

Ab jetzt beendet der Führer jede Übung mit einem »Hier«, lobt den aufstehenden Hund kurz und verhalten und lässt das »Sitz« folgen. Disziplin unterstützt den zügigen Lernfortschritt. Ausgiebigeres Lob ist nur bei großer Einschüchterung angebracht. Nach längstens 20 bis 30 Übungen innerhalb von zwei bis drei Tagen hat der Hund begriffen, das heißt, er bleibt in der »Halt«-Lage bis zum »Hier« des Führers.

Lektion 3: Korrektes Liegen

Übungen zur Einhaltung der korrekten »Halt«-Lage stehen jetzt im Vordergrund. Der Hund

Der Hund sitzt angeleint, der Führer hat eine Hand über dem Hals, die andere über der Kruppe …

… hält die Kruppe unten und drückt die Vorderhand bei gleichzeitigem »Halt«-Befehl zu Boden.

Jeder Widerstand wird mit erneutem »Halt«-Befehl und sicherem, festem Druck beantwortet.

Bleibt der Hund in der »Halt«-Lage, wird die Übung mit »Hier« und kurzem Lob beendet.

soll den Kopf fest auf dem Boden zwischen den Vorderläufen halten und auch gerade auf den Hinterläufen – nicht auf einer Keule – liegen. Bei der Ausbildung in Haus, Hof und Garten muss der größte Wert auf dieser täglichen Übung liegen und die Körperhaltung gegebenenfalls unverzüglich korrigiert werden. Die »Halt«-Übungen sind peinlich genau und konsequent durchzusetzen.

Lektion 4: Blitzschnelles Niedergehen

Zudem muss der Hund lernen, dem »Halt«-Befehl blitzschnell nachzukommen. Die Umsetzung der Kleinlichkeiten ist von außerordentlicher Wichtigkeit. Der Hund muss auf den »Halt«-Befehl schließlich reflexartig reagieren, blitzartig zu Boden gehen und die korrekte »Halt«-Lage einnehmen. Ein bewährter Weg dorthin ist der folgende:

Der Hund sitzt links neben dem Führer. Die am Dressurhalsband befestigte Leine hat der Führer unter seinem linken Fuß hindurchgezogen und hält sie in der rechten Hand. Eine knapp kleinfingerdicke Haselgerte liegt in der linken Hand bereit. Mit dem Befehl »Halt« wird als Sichtzeichen ein senkrechtes Heben des gertenbewaffneten Armes verbunden und gleichzeitig die Leine mit kurzem Ruck angezogen, was das Vorderteil des Hundes zu Boden zwingt. Stärkerer Widerstand oder Erhebungsversuche werden sofort durch einen schnellen Gertenhieb

Das blitzschnelle Niedergehen aus dem »Sitz«, dem Stand und aus der Bewegung in die korrekte »Halt«-Lage muss erreicht werden, bevor weitere Ausbildungsschritte folgen.

Wichtig!

Das blitzschnelle Zusammenklappen und die korrekte »Halt«-Lage sind keine Kleinlichkeiten, sondern die wesentlichsten Elemente der »Halt«-Ausbildung!

geahndet. Der dem Befehl unmittelbar folgende Hieb lehrt den Hund sehr rasch, dass sein Vorteil darin liegt, blitzschnell zusammenzuklappen. Der Hieb darf ihn aber nie treffen, wenn die korrekte »Halt«-Lage bereits eingenommen ist!

Der Zögling darf nie die Erfahrung machen, dass eine Auflehnung gegen den Befehl möglich ist. Ihm muss die Nutzlosigkeit einer Auflehnung oder auch nur einer Nachlässigkeit klargemacht werden.

Lektion 5: »Halt« aus der Bewegung

Wenn die Übung aus der Sitzhaltung des Hundes klappt, wird auch aus dem Stand und schließlich aus der Bewegung geübt, und zwar immer wieder. Die steten, täglichen Wiederholungen sind notwendig, um dem Hund die reflexartige Unterordnungsübung zu vermitteln. Während der Führung an der Leine heißt es immer wieder einmal »Halt« und nach einer Minute vorschriftsmäßiger Lage folgt das Kommando »Hier«.

Der Befehl »Halt« erfolgt regelmäßig mit dem senkrechten Heben des Armes. Schließlich lässt man das Lautzeichen ganz weg und setzt das Haltmachen allein auf das Sichtzeichen durch. Bei jedem Zögern, bei jeder Nachlässigkeit wird

Das Laut-Kommando »Halt« wird mit dem Sicht-Kommando, dem Hochheben des Armes, verbunden.

neben dem Ruck an den Korallen mit einem raschen Gertenhieb nachgeholfen.

Wird diese Vorgehensweise konsequent befolgt, kann das Ziel in kürzester Frist erreicht werden. Dem Hund kann dabei nie der Gedanke an ein Sich-Entziehen kommen, weil er von Anfang an das Unausweichliche kennenlernt. Bei täglich zweimaliger Übung von je 10 Minuten kommt der Hund in längstens 14 Tagen dem »Halt«-Befehl, sei er verbal oder als Sichtzeichen gegeben, wie selbstverständlich nach, blitzschnell und bei korrekter Lage.

Lektion 6: Längeres Liegen

Erst jetzt erfolgen Übungen zum längeren Liegenbleiben in vorschriftsmäßiger »Halt«-Lage. Das Liegenbleiben ist für die spätere Führung hilfreich. Das Wichtigste jedoch ist und bleibt das blitzartige Niedergehen, das dem Zögling zur selbstverständlichen Gewohnheit werden muss.

Der Hund befindet sich in korrekter »Halt«-Lage. Der Führer, die Leine in der Linken, die Gerte in der Rechten, geht zunächst ein bis zwei Schritte nach rechts, dann nach links. Bei jedem Versuch des Hundes, den Kopf zu heben oder zu

Der Hund muss auch in der »Halt«-Lage bleiben, wenn der Führer sich entfernt oder …

… über ihn hinwegsteigt. Der Hund auf dem Foto zeigt auch unter Ablenkung ein perfektes »Halt«.

drehen, wird der Befehl »Halt« von einem spürbaren Hieb mittels der bereitgehaltenen Gerte begleitet. Wenn alle Vorstufen der »Halt«-Ausbildung sorgfältig eingehalten wurden, erkennt er sehr schnell seinen Vorteil darin, beherrscht und flach am Boden liegen zu bleiben. Dann tritt der Führer vor den Hund und hinter ihn, und schreitet schließlich über ihn hinweg, jeweils voll konzentriert, um gegebenenfalls bei Fehlverhalten wie zuvor zu reagieren.

Nach einem Dutzend Wiederholungen – der Hund befindet sich jetzt an der langen Dressierleine – entfernt der Führer sich 5 bis 10 Schritte abwechselnd nach verschiedenen Richtungen und verschwindet auch hinter einer Deckung. Wieder wird jeder Versuch zum Heben des Kopfes oder gar zum Aufstehen mit einem scharfen Korallenruck und eventuell mit einem Hieb geahndet. Die Übungen gehen zügig voran, wenn das vorher beschriebene korrekte und schnelle Zusammenklappen richtig eingeübt ist. Das Verhalten muss dem Hund in Fleisch und Blut übergegangen sein und zu einer Selbstverständlichkeit werden.

Lektion 7: Auf den Trillerpfiff konditionieren

Neben dem Lautzeichen »Halt« und dem Sichtzeichen (Arm hochheben) dient auch der Trillerpfiff als Lautzeichen und Befehl zum »Halt«. Mit dem Ruf »Halt« dringt man in der Praxis nicht in allen Fällen weit genug durch, und das Sichtzeichen kann selbstverständlich nur dann angewendet werden, wenn der Hund gerade zum Führer äugt, was zum Beispiel bei einer Hetze nicht der Fall ist. Bei den weiteren Übungen sollte neben dem Armhochheben auch die Trillerpfeife Verwendung finden. Der Hund erlernt die Bedeutung des Trillerns als »Halt«-Befehl nach wenigen Übungen. Bei größerer Entfernung im Revier kommt neben dem Sichtzeichen ausschließlich der Trillerpfiff zum Einsatz.

> Das Liegenbleiben in »Halt«-Lage hat mit dem Ablegen an einem bestimmten Platz nichts zu tun. Mit dem Ablegen hat der Hund gelernt, entspannt am Platz zu warten, bis sein Führer ihn dort abholt. Demgegenüber befindet der Hund sich beim Liegenbleiben in der »Halt«-Lage unter besonderem Unterordnungsdruck, über den Disziplinierungen beziehungsweise Gehorsamskorrekturen vorgenommen werden.

Lektion 8: »Halt« auf Entfernung

Die ersten Übungen mit der Trillerpfeife finden an der Leine statt, danach ohne Leine und zunächst nur in einem fest abgegrenzten Bereich, dem der Hund sich nicht entziehen kann (zum Beispiel umzäunter Hof oder Garten). Immer wieder werden das blitzartige Niedergehen und die vorschriftsmäßige »Halt«-Lage eingefordert! Im Revier werden die Entfernungen zwischen Führer und dem Hund kontinuierlich erweitert, bis hundert Meter und mehr.

Lektion 9: Ablenkungen einbauen

Wenn das alles klappt, baut der Führer Ablenkungen ein. Der Führer geht mit dem angeleinten Hund beispielsweise im Garten umher und ein Gehilfe lässt hinter einem Busch die Hasenklage ertönen oder führt einen fremden Hund

Selbstbeherrschung und Souveränität

Kritiker dieser »Halt«-Dressur wenden ein, dass dadurch das Vertrauensverhältnis zwischen Führer und Hund nachhaltig gestört würde. Das ist mitnichten der Fall, wenn der Führer, seine Selbstbeherrschung und Souveränität vorausgesetzt, sorgfältig und gegebenenfalls mit angemessenem Nachdruck die Übungen durchsetzt. Im Laufe der wochen- und monatelangen Übungen empfindet der Hund das »Halt« schließlich nicht mehr als etwas Bedrückendes, sondern kommt dem Befehl unverkrampft und mit selbstverständlicher Sicherheit nach.

in der Nähe vorbei. Man kann auch Kinder Federvieh jagen lassen oder einen Kaninchenbalg von einem unsichtbaren Gehilfen an einem Bindfaden über den Weg ziehen lassen und dergleichen mehr. In allen Fällen ertönt das »Halt« oder der Trillerpfiff gerade in dem Augenblick, da der Hund seine ganze Aufmerksamkeit auf das andere Ereignis gerichtet hat und möglicherweise nach dem anderen Gegenstand jagen will. In diesem Fall sollte man mit besonderer Genauigkeit auf korrekte Ausführung des Befehls achten und eine Nachlässigkeit unvermittelt ahnden. Bei solchen Übungen wird nach gutem Gehorsam ausgiebig gelobt.

Ablenkung mit der Reizangel

Ein hervorragendes und gut zu kontrollierendes Ablenkungsmittel ist die Reizangel, wenn der Hund als Welpe darauf hinreichend geprägt worden ist. Der hinter dem Beutestück an der Reizangel hetzende Hund richtet seine ganze Aufmerksamkeit auf den Greifgegenstand, gierig und in höchster Erregung. Er ist somit einer außerordentlichen Ablenkung ausgesetzt. Die Reizangel ist bestens geeignet, dem Hund klarzumachen, dass mit der »Halt«-Einforderung nicht das Jagen hinter dem Reizgegenstand, sondern allein die Nichtbeachtung des »Halt«-Befehls geahndet wird.

Es kann vorteilhaft sein, wenn bei den ersten Übungen eine Hilfsperson die Reizangel nach Weisung des Ausbilders führt. Bei gegebenem Geschick des Ausbilders kann er es auch allein vollbringen. Er muss dann eben die Reizangel führen und sich zu gleicher Zeit auf das Verhalten des Hundes konzentrieren und gegebenenfalls sachgerecht einwirken.

So geht's

Der Hund geht oder sitzt am Korallenhalsband angeleint neben dem Führer. Der an der Reizangel befestigte Greifgegenstand fällt etwa zwei Meter vor dem Hund zu Boden. Mit großer Wahrscheinlichkeit wird der Zögling sich wie bisher darauf stürzen wollen, aber ein scharfes »Halt« des Führers hindert ihn daran. In manchen Fällen ist eine recht harte Einwirkung notwendig, um die schnelle und korrekte »Halt«-Lage zu erreichen. Sie ist aber notwendig und deshalb kompromisslos durchzusetzen. Dann wird der Gegenstand zunächst verhalten bewegt und zugleich auf die korrekte »Halt«-Lage geachtet. Der bis dahin sorgfältig ausgebildete Hund bleibt liegen, gegebenenfalls zitternd vor Erregung. Im nächsten Schritt lässt man den Greifgegenstand stärker tanzen.

Wenn das alles klappt, das heißt, der Hund bleibt nach dem Kommando in seiner »Halt«-Lage, werden die Übungen mit dem frei sitzenden Hund in gleicher Folge wiederholt. Sind auch diese Übungen erfolgreich abgeschlossen, kommt das Kommando »Hetz-Hetz«. Während der Hetze trillert der Führer und erzwingt – wenn nötig durch einen Gertenhieb – das Zu-Boden-Gehen. Da der Hund sein ganzes Sinnen und Trachten auf den Greifgegenstand richtet, besteht keine Gefahr, dass er sich unangeleint der Einwirkung seines Herrn zu entziehen versucht. Wenn er schließlich ohne Zwangseinwirkung auf bloßen Zuruf oder Pfiff in die »Halt«-Lage geht, kann dieses abwechselnde »Hetz-Hetz – Halt – Hetz-Hetz – Halt – Hetz-Hetz« mit anschließendem Greifen beliebig oft geübt werden. Der Hund lernt dabei, auch bei so starker Ablenkung reflexartig zu Boden zu gehen.

Zuletzt darf der Hund das Beutestück an der Reizangel wieder lustvoll hetzen und fangen. Auf diese Weise begreifen alle Hunde in wenigen Tagen sicher zwischen erlaubter und unerlaubter Hetze zu unterscheiden beziehungsweise dass nicht das Hetzen, sondern allein der Ungehorsam bestraft wird. Für die ständigen Wiederholungen werden in der Folge nicht nur geschlossene Räume, Hof und Garten, sondern auch das Jagdrevier beziehungsweise die freie Landschaft aufgesucht.

Ohne Konsequenz geht es nicht

Die Erfahrung lehrt, dass sich nachlässige oder spielerische Dressur und inkonsequentes Verhalten des Ausbilders nirgends so sehr rächen wie bei der Übung »Halt«. Nicht das Lehren des Apportierens macht dem durchschnittlichen Führer Schwierigkeiten, sondern das korrekte, kompromisslos festsitzende »Halt«. Dieses aber ist für eine erfolgreiche Führung, für ein erfolgreiches Jagen und nicht zuletzt für eine höhere Lebenserwartung des Hundes angesichts der zunehmenden Straßenverkehrsdichte so sehr entscheidend!

Der Hund geht auch angesichts der begehrten Reizangel auf Kommando in die »Halt«-Lage.

Auch wenn der Führer das »Beutestück« vor dem Hund bewegt, muss dieser im »Halt« bleiben.

Der auf die Reizangel geprägte Hund jagt höchst passioniert hinter dem am Boden geführten »Beutestück« her.

Aufgrund des vom Führer gegebenen »Halt«-Kommandos bremst er seinen Lauf deutlich ab, ohne den Blick vom »Beutestück« zu lassen.

Schließlich geht er zu Boden und fixiert weiterhin begehrlich das »Beutestück«, hat aber die »Halt«-Ausbildung im fortgeschrittenen Stadium verinnerlicht und …

… nimmt schließlich die korrekte »Halt«-Lage ein. Nach einigen Sekunden des Wohlverhaltens darf er wieder jagen.

Vom »Halt« zum Kriechen

Im Zusammenhang mit der »Halt«-Ausbildung lernt der Hund auch das Kriechen, das heißt die Vorwärtsbewegung, ohne aufzustehen.

So geht's

Der Hund befindet sich in »Halt«-Lage. Der Führer steht einen Meter vor ihm, die am Dressurhalsband befestigte Leine in der Linken, die dünne Gerte in der Rechten. Auf Kommando »Vorwärts« zieht er dabei leicht an der Leine. Sollte der Hund fest liegen bleiben, so verstärkt der Hundeführer den Leinenzug zunächst noch nicht, sondern verbindet das »Vorwärts« mit dem für den Hund geläufigen Befehl »Hier«, um ihm deutlich zu machen, dass er auf »Vorwärts« nicht liegen zu bleiben hat. Sobald der Hund sich halb erhoben hat, heißt es »Halt«. Relevant ist hierbei wieder das schnelle Zusammensinken des Hundes! Bei abwechselndem »Vorwärts« und »Halt« bewegt sich der Hund nun auf den rückwärtsgehenden Führer zu. Er lernt es sehr schnell, dass er auf »Vorwärts« sich einerseits nicht voll erheben, andererseits aber auch nicht liegen bleiben darf. Daraus entsteht zwangsläufig das Kriechen. Sollte der Hund auch jetzt noch dazu neigen, liegen zu bleiben, so wird er am Korallenhalsband mit ruhiger, fester Hand vorwärtsgezogen. Er lässt sich nicht lange schleifen und gibt den passiven Widerstand rasch auf.

Hat der Hund das Kriechen erlernt, wird in der Folge jeder Ungehorsam, insbesondere jede Nachlässigkeit gegenüber dem Befehl »Halt«, mit einer unmittelbar anschließenden Kriechübung geahndet. Es liegt in der Hand des Führers, sie notwendigerweise und je nach Wesensart des Hundes durch kürzere oder längere Dauer sowie durch geringen oder stärkeren Gebrauch der Dressurhalsung und eventuell auch der Gerte milder oder härter zu gestalten. Das Kriechen ist eine für den Hund anstrengende Übung und seine Wirksamkeit als Ahndungsmaßnahme ist sehr hoch, das heißt als Korrektur von Ungehorsam sehr zielführend.

Der Hund lernt das Kriechen über die Kommandos »Halt« – »Vorwärts« – »Halt« – »Vorwärts« usw.

Der Hund hat das Kriechen gelernt und folgt dem rückwärtsgehenden Führer im Kriechgang.

Über das »Halt« zum »Gehorsam am Hasen«

Unter den stark veränderten Revierverhältnissen spielt der Gehorsam am Hasen, wie an allem anderen Wild, eine immer größere Rolle. Das enge Straßennetz und der kontinuierlich steigende Autoverkehr zwingen dazu, die Hunde so früh wie möglich gehorsam am Hasen (und anderem Wild) zu machen, ohne ihre Folgepassion, insbesondere die Spurarbeit, zu beeinträchtigen. Wer das rechtzeitig tut, fördert damit die Leistungen bei der Spurarbeit, weil dann die Spurpassion des Hundes nicht mehr durch

Ausbildungsaufbau

In Fortsetzung der vorangegangenen Ausführungen wird immer in der Reihenfolge ausgebildet:

- ohne Ablenkung
- mit wechselnder, künstlicher Ablenkung
- mit Ablenkung durch Wild

In allen Fällen sollte der Hundeführer darauf achten, dass der Hund die Übung schnell und korrekt ausführt.

Fest am Boden klebend, liegt der Hund noch angeleint in »Halt«-Lage vor dem Hauskaninchen, eine gute Vorübung für den Gehorsam am Wild.

zahlreiche Hetzen beeinträchtigt wird. Wenn die Hunde nicht noch zu jung sind, kann die Mehrzahl bei sorgfältiger Grundausbildung den Hasengehorsam schon zur VJP verinnerlicht haben.

Flüchtendes Wild löst die größte Ablenkung, die stärkste Versuchung aus. In dem Augenblick, in dem der Hund das Wild äugt oder gar zum Hetzen ansetzt, gibt der Führer den energischen »Halt«-Befehl, setzt ihn gegebenenfalls natürlich durch und belässt seinen Zögling jetzt eine Minute lang in korrekter »Halt«-Lage! Eine gute Vorübung für den Gehorsam am Hasen ist auch der Gehorsam am Kleinvieh.

Von Vorbildern lernen

Eine ganz vorzügliche Hilfe bietet ein zweiter, dem Zögling wohlbekannter, gut ausgebildeter Hund (zum Beispiel ein Zwingergenosse). Ein solcher älterer Zwingergenosse verhilft immer zu schnellen Erfolgen. Beide Hunde müssen es gewohnt sein, zusammengekoppelt, aber im Übrigen frei zu laufen. Bei allen Spaziergängen oder auch Gängen im Revier bleiben sie durch ein ca. 35 cm langes Leinenstück zwischen beiden Halsungen aneinandergekoppelt. Bei solchen Gängen wird es gelegentlich vorkommen, dass in Sicht der Hunde irgendwelches Wild hoch wird und der junge Hund dieses hetzen will. Da man ihn unter allen Umständen in der Hand hat, auch wenn er nicht bei Fuß gehen sollte, lässt man beide »Halt« machen, und zwar den Jungen peinlichst vorschriftsmäßig. Angesichts des Wildes wird der junge Hund die Übung nicht oder nur nachlässig ausführen; es muss ihm aber mit größtem Nachdruck gezeigt werden, dass ihm das Hochnehmen des Kopfes unter keinen Umständen gestattet wird.

Die Übungen erfordern keinen größeren Zeitaufwand und können jederzeit und bei allen Reviergängen vorgenommen werden. Je wild-

Das »Halt« vor Hausgeflügel beherrscht der Hund bereits ohne Leine. So wird Schritt für Schritt und dennoch zügig der Gehorsam am Federwild erreicht.

Der fünf Monate junge Hund begleitet beeindruckt sein Vorbild. Ein Beispiel der wertvollen Teilhabe des heranwachsenden Hundekindes am jagdlichen Geschehen.

reicher das Revier ist, desto öfter kann man sie wiederholen und desto schneller wird sich der junge Hund vom Wild weg auf das »Halt« hin konzentrieren. Tut er das zur Zufriedenheit, wird er beim nächsten Hasen nach kurzem vorschriftsmäßigem »Halt« an der Sasse oder Spur freigelassen und kann und soll nun der Spur des verschwundenen Hasen folgen. Zurückgekommen, wird er – wie nach jeder erlaubten Hetze – besonders freundlich behandelt.

Hilfsmittel Feldleine

Ein weiteres Hilfsmittel zur Einarbeitung ist die zwanzig bis dreißig Meter lange Feldleine. Sie wird am Dressurhalsband befestigt, in langen Schlaufen in die linke Hand genommen und das Ende rechts festgehalten. Sobald der Hund einem eräugten Hasen nacheilt, folgen ein kurzes, lautes »Halt« oder einmal der Trillerpfiff. Reagiert der Hund nicht, lässt man ihn ruhig in die Korallen laufen, hält die Leine aber wirklich fest. Ein kräftiger Ruck beim Straffen der Leine verstärkt die Ahndung, sodass der Hund sich gegebenenfalls überschlägt. Es folgt unmittelbar ein weiteres scharfes »Halt«. Dann hat der Hund mit aller Korrektheit im weiten Bogen zu der Stelle zu kriechen, wo er zuerst liegen sollte. Die geringste Nachlässigkeit wird mittels Dressurhalsband und Gerte geahndet. Der Hund hat einige Minuten liegen zu bleiben, dann folgt das kurze »Hier«. Es wird versucht, einen anderen Hasen zu finden.

Intelligente Hunde haben schon nach zweimaligem Prellen in die Koralle kapiert, dass es besser ist zu gehorchen. Ebenso aber haben sie auch die Mitwirkung der langen Leine erkannt und lassen sich ohne diese keineswegs zum Niedergehen veranlassen. Viel wichtiger als jedes mechanische Hilfsmittel ist daher die dauernde, ungezählte Male und korrekt vorgenommene Wiederholung in allen Lebenslagen. Dem Hund muss das blitzschnelle Niederlegen zur Selbstverständlichkeit werden. Erst dann wird die Leine nicht mehr benötigt.

Nächster Schritt: das Training ohne Leine

Der Hund geht mit dem Führer unangeleint bei Fuß über die Felder. Sobald ein Hase hochgeht und vom Hund eräugt wird, bannt ein scharfes »Halt« oder der Trillerpfiff den Hund an den Boden. Besonders peinlich sollte der Führer dabei auf die korrekte Lage des Hundes, insbesondere auf vorschriftsmäßige Kopfhaltung, achten und nicht ein Äugen nach dem Hasen mit erhobenem Kopf dulden. Nach etwa einer Minute »Halt«-Lage führt er den Hund unter Lob zur Sasse und lässt ihn unter ermunterndem Zuspruch die Spur arbeiten und, falls er den Hasen sticht, fröhlich hetzen. Beim Zurückkommen erwartet den Hund selbstverständlich ein freundlicher Empfang.

Beim nächsten Mal soll der Hund in der Nähe des Führers suchen, nur wenige Schritte entfernt, und wieder ertönt beim Aufgehen eines Hasen »Halt« oder der Trillerpfiff. Solange der Hund sich korrekt verhält, werden ihm bei der Suche kontinuierlich größere Entfernungen gewährt, jedoch darf der jeweilige Schritt nicht zu groß sein. Es ist beispielsweise nicht zielführend, einen Hund, den man einige Male in einer Entfernung von etwa zwanzig Schritt gehalten hat, gleich bei einer Entfernung von bereits 150 Metern stoppen zu wollen.

Gehorcht der Hund trotz klar verstandenen Befehls nicht, weil die Passion mit ihm durchgeht, darf der Führer seine Ohnmacht nicht durch Schreien und mehrfache »Halt«-Rufe zum Ausdruck bringen. Er muss damit rechnen und regt sich deshalb nicht auf. Vielmehr wartet er ruhig und selbstbeherrscht auf das Zurückkommen des Hundes. Zwischenzeitlich markiert er genau die Stelle, an welcher der Hund »Halt« machen sollte. Dem zurückgekommenen Zögling befiehlt er dann »Sitz«, legt ihm die Dressurhalsung um und leint ihn an. Danach folgt die Kriechübung in weitem Bogen und unter energischem Gebrauch der Dressurhalsung (Rucken an der Leine) bis hin zur markierten Stelle. Dort bleibt der Hund etwa eine Minute vorschriftsmäßig liegen. Dann folgen »Hier« und »Halt« und wieder »Hier«, stets mit peinlicher Korrektheit ausgeführt.

Die Suche geht schließlich weiter. Der bis dahin sorgfältig ausgebildete Hund ignoriert den Befehl »Halt« nicht oft. Nach jeder erlaubten Hetze wird er stets freundlich behandelt.

Bei schrittweiser, aber kontinuierlicher Vergrößerung der Entfernung zwischen Hund und Führer wird der Hund auch auf 200 m zu halten und damit »gehorsam am Hasen« sein. In diesem Ausbildungsstadium, das heißt, wenn der Hund vor dem aufstehenden Hasen sowie bei der Hetze auf den Trillerpfiff sicher reagiert, genügt das Liegen mit erhobenem Kopf. Bei sachgemäßer Führung beeinträchtigt diese Lockerung den Gehorsam des Hundes nicht mehr.

Der Führer hat nun die Möglichkeit, ihm einerseits die nötige Übung für Spurarbeiten zu geben, ihn andererseits aber vor Übersättigung und vor Sichthetzen zu bewahren. Seine Passion am Hasen ist und bleibt ihm voll erhalten.

Wichtig

»Halt« am Hasen beziehungsweise am flüchtenden Wild wird erst dann geübt, wenn der Hund bei allen anderen Ablenkungen (siehe vorangegangenen Text) zuverlässig »Halt« macht. Der Hund muss richtig verknüpfen, dass nicht sein Hetzen bestraft wird, sondern allein die Missachtung des verstandenen Befehls »Halt«, das heißt sein Ungehorsam!

Deshalb sollen häufig wechselnde Situationen mit starken Ablenkungen herbeigeführt werden. Die oben beschriebene Anwendung der Reizangel ist dafür eine außerordentlich wertvolle Hilfe.

Die wichtigsten Punkte in Kürze:

- absolut konsequente Durchsetzung des Führers,
- stets korrekte »Halt«-Lage des Hundes,
- ständige Wiederholung unter verschiedenen Verhältnissen.

Bedeutung des »Halt«-Befehls

- »Halt« ist der unsichtbare Zauberstab, mit dem der Führer den Hund vor Fehlern bewahrt.
- »Halt« ist das Mittel, die überschäumende Passion so einzugrenzen, dass der Hund erfolgreich arbeiten kann.
- »Halt« ist angesichts der vom Menschen technisierten Umwelt eine Lebensversicherung für den Hund.

Die Vorbereitung auf die Fächer der HZP

Nach der VJP im Frühjahr liegt der Schwerpunkt der Ausbildung zunächst bei der Festigung der Abrichtefächer. Das sind Apportieren auf der Schleppe und Gehorsam. Im Verlauf des Sommers werden die Anlagen dann weiterhin gefördert, wobei zu denen der VJP die Wasserarbeit hinzukommt.

Gehorsam allgemein

Das »Halt« ist kein Selbstzweck, sondern das Fundament für den Gehorsam allgemein, der das harmonische Zusammenjagen in dem kleinen Rudel von Führer und Hund garantiert. Wie bereits angesprochen, kommen die Anlagen des Jagdhundes über den Gehorsam am deutlichsten zum Ausdruck. Im Folgeschluss wird der gehorsame Hund auch bei allen Prüfungsfächern ein besseres Bild abgeben. Wegen seines zentralen Stellenwertes wird der Gehorsam hier vorweg erörtert. Ein wesentlicher Teil ist bereits im Abschnitt über das »Halt« besprochen.

Der Gehorsam findet in einer Vielzahl von Fällen seinen Ausdruck, so beispielsweise bei der Suche, der Arbeit an Federwild, der Lenkbarkeit im Wasser, dem Bringen usw. Die Grundlagen des Gehorsams werden bei der Stubendressur gelegt. Der Hund muss sich aber gerade bei der freien Arbeit im Revier unseren Wünschen und unserem Willen unterordnen.

Dazu gehören neben dem »Halt«

- die rasche Reaktion auf Laut- und Sichtzeichen,
- die zielführende Reaktion auf die Körpersprache des Führers (zum Beispiel bei der Schleppe),
- das zügige Hereinkommen auf Befehl,
- die Lenkbarkeit bei der Wasserarbeit

u. a. m.

Der Einsatz von Laut- und Sichtzeichen

Soweit möglich, sollte der Hund an Sichtzeichen gewöhnt werden. Mensch und Tier werden dadurch weniger gestört, und bei der Prüfung macht der lautlos führende Jäger einen wesentlich überlegeneren Eindruck als jener, der ständig ruft und pfeift.

In bestimmten Fällen kommt man aber ohne Lautzeichen nicht aus. So kann man den forthetzenden Hund nicht durch ein Sichtzeichen zum Niederfallen oder den vom Führer weg suchenden Hund zum Wenden veranlassen. Wo der Hund uns aber im Auge hat, sollte man nach Möglichkeit nur Sichtzeichen geben. Das gilt insbesondere für das »Halt« durch senkrechtes Heben des Armes. Wenn das Sichtzeichen mit jedem »Halt«-Ruf beziehungsweise Trillerpfiff verbunden wird, lernt der Hund schon nach ganz kurzer Zeit, auf das Sichtzeichen allein zu reagieren. Im Revier sollte das Lautzeichen nur Gebrauch finden, wenn der Hund uns nicht sieht und beobachtet, im Übrigen sollte man sich auf das Hochhalten des Armes beschränken.

Eindeutige Kommandos verwenden

Für das Wenden einerseits und Hereinkommen andererseits gebrauchen viele Jäger den gleichen Pfiff. Auf diese Weise erkennt der Hund jedoch den Unterschied nicht. Wenn er auf ein bestimmtes Zeichen nicht jedes Mal zu seinem Führer kommen muss, wird er bezüglich des Hereinkommens nachlässig. Aus diesem Grund ist es besser, von Anfang an für das Hereinkommen den feinen, kurzen Doppelpfiff zu benutzen. Das Kommando für das Aufmerken zum Führer und zum Wenden bei der Suche ist ein lang gezogener Pfiff.

Das Hereinkommen

Die Erziehung ist außerordentlich einfach, wenn der Führer nur immer konsequent handelt. Will man den Hund heran haben, bleibt man stets stehen oder geht rückwärts und verkleinert –

Der Hund hat sich nach dem Hereinkommen stets zu setzen. Danach sollte er jedoch häufig weitersuchen dürfen. So verbindet er mit dem Hereinkommen nicht nur das weniger angenehme Anleinen.

Konsequent sein

Jedes Kommando des Hundeführers muss vom Hund 100-prozentig befolgt werden. Jedoch sollte man dabei so wenig wie möglich pfeifen oder rufen. Nur der Jäger, der sich bei seinem Hunde mit jedem Befehl konsequent durchsetzt, wird einen wirklich gehorsamen Hund haben.

wenigstens anfangs – nach Möglichkeit seine Körpergestalt für das Auge des Hundes (Bücken, Niederknien, Hinlegen).

Auf keinen Fall wendet man weiter oder geht gar auf den Hund zu. Auch dann, wenn der Hund nicht angeleint werden soll oder man das Hereinkommen lediglich schulmäßig üben will, lässt man den Hund sich jedes Mal ordnungsgemäß setzen und einige Zeit in dieser Stellung verharren, begleitet von freundlichem Lob.

Es ist zweckmäßig, den Hund nicht jedes Mal gleich anzuleinen, sondern ihn nach kurzer Pause wieder zur Suche aufzufordern. So verknüpft der Hund das Hereinkommen nicht allein mit dem für ihn weniger angenehmen Anleinen.

Als Sichtzeichen für das Hereinkommen empfiehlt sich die Viertelkreis-Bewegung mit dem Arm, das heißt, der vorgestreckte Arm wird bei leicht nach vorn gebückter Haltung nach unten bewegt, sodass die Hand etwa in der Kniegegend landet. Für das schulmäßige Üben mit dieser Geste lässt der Führer zweckmäßigerweise den Hund vorher »Halt« machen, mit dem Gesicht zu ihm hin. Nach einiger Zeit gibt er zeitgleich mit dem feinen, kurzen Doppelpfiff das Sichtzeichen. Der Hund gewöhnt sich außerordentlich schnell an das Sichtzeichen allein, da es ihn aus der weniger angenehmen »Halt«-Lage befreit. Beim Führer angekommen, folgen stets das »Sitz« und freundliches Lob.

Der Wende- und Achtungspfiff

Erst wenn diese Übung klappt und der Hund auf den Doppelpfiff willig hereinkommt, gewöhnt man ihn auch an den Wende- und Achtungspfiff. Dazu kann man folgendermaßen vorgehen: Man geht während der Suche im Felde ruhig weiter, pfeift einmal lang und gezogen und geht, sobald der Hund aufmerkt, in einem spitzen Winkel in Richtung der dem Hund abgekehrten Seite. Gleichzeitig bewegt man auch den Arm in diese Richtung. Sollte der Hund unmittelbar an den Führer herankommen, so ermuntert man ihn sofort mit »Voran, mein Hund« zur Weitersuche. Der Hund begreift spätestens nach vier bis fünf Übungen, dass er auf den langen Pfiff beim Wenden und Weitergehen des Führers nicht unmittelbar heranzukommen braucht.

Die Gefahr, dass der Hund im Hereinkommen nachlässig wird, ist größer, als dass er den lang gezogenen Pfiff zum Wenden nicht richtig beachtet. Daher sollte man zwischendurch immer mal wieder das Herankommen mit Doppelpfiff trainieren. Dazu bleibt der Hundeführer stehen, winkt den Hund heran und lässt ihn nach einem kurzen »Sitz« direkt weitersuchen.

Spurarbeit

Während der HZP wird die Spurarbeit auf der Spur des nicht (oder nicht mehr) sichtbaren Hasen oder Fuchses geprüft. Die Prüfungsordnung für die Herbst-Zucht-Prüfung (HZP) lässt es zwar zu, dass die Spurarbeit nicht mehr geprüft wird, die HZP mit Spurarbeit hat aber einen wesentlich höheren Anspruch als jene ohne Spur. Das entscheidende Umschalten in der Verhaltensweise auf der Spur gegenüber der sonstigen Feldarbeit weist den vielseitigen Jagdgebrauchshund aus! Demensprechend sollte auch der Führer die höheren Anforderungen bei der Vorbereitung auf die HZP annehmen.

Die Spurarbeit ist, die richtige Beurteilung hinsichtlich Spurwille einerseits und Spursicherheit andererseits vorausgesetzt, der entscheidende Hinweis auf die Tauglichkeit für die Ausbildung zur anspruchsvollen Nachsuche in der jagdlichen Praxis.

Spurarbeit und Gehorsam am Hasen

Der Führer sollte anstreben, für seinen Hund bis zur HZP den Gehorsam am Hasen zu erreichen. Das gilt insbesondere, wenn für die Ausbildung ein gut mit Hasen besetztes Revier zur Verfügung steht. Da für die praktische Jagd ein solcher Gehorsam ohnehin unerlässlich ist, sollte jeder Führer den Hund so früh wie möglich gehorsam am Hasen machen. Je später er damit anfängt, desto schwieriger wird die Umsetzung. Zum einen ist der ältere Hund nicht mehr so lernfähig und zum anderen steht die zunehmende Erfahrung mit dem Hasen als überaus reizvoller Beute dem Ausbildungsfortschritt im Wege. Darum hier erneut der Hinweis: Es geht nicht um den »hasenreinen«, sondern um den »hasengehorsamen« Hund!

Es bestehen die besten Erfahrungen damit, wenn der junge Hund schon zur Zeit der Frühjahrsprüfungen am Hasen zu halten ist; zu den Herbstzuchtprüfungen soll er dann auf jeden Fall ganz in der Hand des Führers sein. Der frühe Beginn hat den entscheidenden Vorzug, dass der Gehorsam am Hasen das beste Mittel ist, den Spurwillen des Hundes und seine Spursicherheit zu fördern. Ist der Hund schon im April durch Trillerpfiff oder Zuruf vor dem eräugten Hasen zu halten, so kann der Führer ihm monatelang ganz nach Belieben mehr oder weniger Gelegenheit zur Ausbildung seiner Fähigkeiten auf der Spur geben. Im Laufe der Monate ergeben sich immer wieder geeignete Gelegenheiten, den Hund nach dem »Halt« auf der Spur des Hasen folgen zu lassen. So wird es ihm zur Selbstverständlichkeit, nach der Flucht des Hasen gehorsam zu verharren und gespannt auf die Erlaubnis zur Spurarbeit und gegebenenfalls anschließenden Hetze zu warten.

Der Einwand »Mein Hund arbeitet keine gesunde Hasenspur mehr, er ist schon hasenrein« ist nichts als das Eingeständnis einer falschen Behandlung des Hundes! Entweder ist er mit Gewaltmitteln hasenrein, das heißt hasenscheu gemacht worden, oder sein Haseninteresse ist durch Übersättigung derart herabgemindert, dass er wirklich gute Spurleistungen nicht mehr zeigt. Im letzteren Falle kann durch längere Enthaltsamkeit die alte Lust wieder geweckt werden. Dies ist jedoch nur ein unsicherer und kümmerlicher Ersatz im Vergleich zur Ausbildung zum hasengehorsamen Hund. Wenn man dem am Hasen gehorsamen Hund nur bei jedem dritten, zehnten oder auch zwanzigsten Hasen die Spurarbeit erlaubt, verliert er seinen Spurwillen nicht und wird nicht »von selbst« hasenrein, wie manche sagen.

Übung nach Maß

Der gut veranlagte Jagdhund verliert bei sachgemäßer Ausbildung und Führung niemals das Interesse am Hasen und seiner Spur, vielmehr wird er in seinen Leistungen auf der Spur infolge regelmäßiger Übung innerhalb vernünftiger Grenzen immer besser. Der Führer hat es in der Hand, wie oft der Hund eine Hasenspur ausarbeiten darf, gegebenenfalls mit anschließender Hetze nach dem Stechen. Die Entscheidung hierüber hängt von der Veranlagung des Hundes und dem Wildreichtum des Reviers ab. Grundsätzlich sollte man einen Hund, der auf der Spur hohes Können beweist, nicht zu viel hetzen lassen.

Mit Hetzen verbindet der Hund ein starkes Lusterlebnis. Wenn er dafür zu häufige Gelegenheiten bekommt, beeinträchtigen sie einerseits seine Besonnenheit, die für sorgfältige Spurarbeiten erforderlich ist. Andererseits wird durch viele Hetzen auch der Spurwille zunehmend gehemmt. Spurwille und Besonnenheit (Spursicherheit) sind aber die Grundvoraussetzungen einer qualifizierten Spurarbeit. Der Spurwille ist Ausdruck des Willens des Hundes, über die Spur zur Beute zu gelangen. Aber erst die Spursicherheit (Besonnenheit) befähigt den Hund, seinen Willen zu beherrschen, das heißt in die zielführende Bahn zu lenken.

Hetzt der Hund einmal unkontrolliert, weil der Führer nicht aufgepasst oder weil der Hund das Kommando nicht gehört hat, so wird er danach nicht gestraft, sondern wie nach jeder erlaubten Hetze freundlich empfangen. Strafe gibt es nur, wenn er den aufgrund seiner systematischen Ausbildung erlernten und verstandenen Befehl, sei er als Zuruf oder Trillerpfiff gegeben, ignoriert hat. Nie und nimmer darf ein Hund gestraft werden, weil er einen Hasen hetzte, sondern nur, weil er ungehorsam war.

Die wirkungsvollste und gleichzeitig unschädlichste Strafe ist die bereits beschriebene Kriechübung (siehe Seite 88), verbunden mit einer längeren »Halt«-Lage danach. Die Befürchtung, ein nach einer verbotenen Hetze mit Kriechübungen bestrafter Hund könnte falsch, das heißt unerwünscht verknüpfen und die Strafe statt mit dem Ungehorsam mit dem Hasen oder der Hetze in Verbindung bringen, ist nach sehr umfangreichen Erfahrungen unbegründet. Wer also seinen Hund zur höchstmöglichen Leistung in der Spurarbeit erziehen und diese höchstmögliche Leistung auch auf der Herbstzuchtprüfung zeigen will, sollte seinen Hund zur rechten Zeit gehorsam am Hasen machen.

Spurarbeit am Schweißriemen

Auch während der Vorbereitung zur HZP hat sich die Spurarbeit am Schweißriemen, wie sie im Zusammenhang mit der VJP beschrieben ist, sehr bewährt (siehe Seite 37 ff.). Diese Einarbeitungsmethode ist besonders für Hunde hilfreich, bei denen der Gehorsam am Hasen nicht erreicht werden konnte. Aber auch für hasengehorsame Hunde ist sie zu empfehlen.

Schleppen (Haarnutz- und Federwild)

Im Hinblick auf die Schleppenarbeit ist es sinnvoll, mit der »Apport«-Ausbildung so frühzeitig zu beginnen, dass die Ausbildung zum selbstständigen Bringen des geschleppten Stück Wildes gleich nach der VJP anschließen kann.

Der Hund lernt zunächst die Schleppenarbeit als Pflichtübung, wobei er verinnerlichen soll, dass

- er sich in beherrschter Gangart eng an der Schleppspur zu orientieren hat und
- ein selbstständiges Zurückkommen ohne das geschleppte Wild beziehungsweise den geschleppten Apportier-Gegenstand unzulässig ist.

Das lässt sich mit einem Dutzend Schleppen nicht erreichen. Der Führer muss sich darüber im Klaren sein, dass die Ein- und Durcharbeitung einige Mühe kostet. Es lohnt sich aber

Auf direktem Weg kommt er nun zur Führerin, setzt sich vorbildlich und gibt danach sauber aus.

Mit der Doppelleine angesetzt, nimmt der Hund die Schleppe in beherrschter Manier an.

Am gefundenen Kaninchen bleibt er unaufgeregt stehen und nimmt es korrekt auf.

Der Zögling hat gelernt, trotz des spezifischen Geruchs, auch die Rabenkrähe ordentlich beim Führer abzuliefern.

sehr, denn der Hund wird nicht nur zuverlässig beim selbstständigen Bringen, sondern lernt zugleich, sich der Durchsetzungskraft des Führers zu beugen. Das wirkt sich positiv auf alle anderen Fächer der Führung aus. Es sei vorweg genommen: Trotz strammer Schulung arbeiten schließlich alle Hunde auf der Schleppe freudig!

Die Schleppe wird grundsätzlich mit Nackenwind gelegt. Die Anforderung des Hundes an seine Nasenarbeit auf der Schleppspur – im Vergleich zur Hasenspur oder künstlichen Übernacht-Schweißfährte – ist äußerst gering. Der Hund lernt bei der Schleppenarbeit sehr schnell, sich an der am leichtesten wahrnehmbaren frischen Menschenfährte des Schleppenlegers zu orientieren. Aus diesem Grunde neigt er zur Oberflächlichkeit. Diese zu minimieren ist jedoch ein wichtiger Teil der Ausbildung.

So geht's

Folgende Vorgehensweise ist empfehlenswert: Man beginnt mit den Schleppen etwa im Mai. Bis dahin sollte der Hund das Apportieren (Stubendressur) allgemein beherrschen. Der Führer sucht sich ein möglichst bequem begehbares Gelände aus, das eine Schleppe von bis zu 300 Metern Länge zulässt.

Auf dem Gelände wird eine 250 bis 300 Meter lange, hakenreiche (!) Schleppspur gekennzeichnet, sodass der Hundeführer immer in der Lage ist, genau die gleiche Schleppe zu ziehen, ohne auch nur einen Meter seitlich abzuweichen.

Als Schleppmaterial kann ein leichter Apportierbock oder ausgestopfter Kaninchenbalg oder ein Stück Niederwild benutzt werden. In jedem

Fall muss der Hund das Schleppstück kennen, es zuvor anstandslos aufgenommen, herangetragen und sauber abgegeben haben.

Die ersten Schleppen werden nur über 10 bis 12 Meter, das heißt der Länge der Feldleine entsprechend, gezogen. Der Hund kommt an die lange Leine und wird mit »Such verloren, apport« zur Schleppe gelegt. Sobald er am Stück ist und aufnimmt, bewegt sich der Führer unter freundlichem Zuspruch in Front zum Hund rückwärts, macht im letzten Moment, wenn der Hund kurz vor ihm angekommen ist, einen Schritt nach vorn, sodass der Hund sich unverzüglich setzt. Nach dem Abgeben wird der Hund ohne Überschwang kurz gelobt. In der Regel treten dabei keine nennenswerten Schwierigkeiten auf.

Anforderungen steigern

Die nächsten sechs bis acht Schleppen werden kontinuierlich auf bis zu etwa 50 Meter verlängert, wobei der Führer an der langen Leine folgt. Dabei achtet er konzentriert darauf, dass der Hund sich an den genauen, zuvor sorgfältig markierten Schleppverlauf hält. Jedes Abweichen von der Schleppe, und sei es nur einen halben Meter, wird durch einen scharfen Zuruf und gegebenenfalls mit dem »Halt«-Kommando geahndet. Selbstverständlich hat der Zögling dann auch blitzschnell die korrekte »Halt«-Lage einzunehmen. Er muss von Anfang an wissen, dass das Verlassen der Schleppspur eine Unannehmlichkeit nach sich zieht.

Der Hund, der anfangs noch Freude an der Schleppe hatte, verliert diese bald, wenn er sechs, acht oder auch zehn Schleppen hintereinander ausarbeiten muss. Das ist erst einmal kein Nachteil, vielmehr gewollt, denn diese Schleppenarbeit muss für den Hund zunächst Pflichtaufgabe sein, kein Jagdvergnügen. Später, wenn der tägliche Drill nicht mehr nötig und dem Hund die anfangs unangenehme Pflichtarbeit zur Selbstverständlichkeit geworden ist, stellt sich auch auf der Schleppe die Arbeitsfreude ein. Die Arbeit auf natürlichen Fährten oder Spuren bleibt von dieser Ausbildung völlig unberührt. Für den Hund ist die natürliche Spur etwas ganz anderes. Er verwechselt sie nicht, zumal dort die Motivation die lebende Beute ist und die Nasenarbeit eine wesentlich höhere Konzentration erfordert.

> **Anmerkung**
>
> Im Gegensatz zur Ausbildung auf der Schweißfährte kann bei der Schleppenarbeit derselbe Verlauf vielfach genutzt werden, weil die Anforderung an die Nasenarbeit hier eine völlig untergeordnete Rolle spielt.

Täglich werden mehrere Schleppen gearbeitet und allmählich verlängert, spätestens nach drei bis vier Wochen auf 250 bis 300 Meter. Im Übrigen ist die Länge der Schleppe nicht entscheidend. Ein Hund, der eine Schleppe von 200 Meter Länge zuverlässig arbeitet, lernt es in wenigen Tagen, auch eine 500 Meter lange Schleppspur genauso sicher auszuarbeiten. Sehr viel wichtiger ist die Art seiner Arbeit, die durch Sorgfalt und gezügeltes Tempo gekennzeichnet ist.

Wenn Probleme autauchen

Zuweilen wird der Hund nicht mehr mitmachen wollen, sich gar hinlegen oder versuchen auszubrechen. In diesem Fall wird die Leine mit dem Dressurhalsband verbunden und mit gelerntem »Vorwärts – Halt – Vorwärts – Halt« geht es kriechend zum Stück, immer haargenau auf der Schleppspur. Der Führer bleibt unaufgeregt und ausdauernd, sodass der Hund schließlich seinen passiven Widerstand aufgibt.

Die Besorgnis, dass weiche Hunde eine solche Durcharbeitung nicht vertragen würden, ist schlicht unbegründet. Wenn ein Führer solche »Erfahrung« gemacht haben sollte, so mangelte es bei ihm an der nötigen Konsequenz und Ausdauer oder an seiner eigenen Selbstbeherrschung. Weiche Hunde werden weniger hart angefasst, stellen aber höhere Anforderungen an den Langmut des Führers.

Der nächste Schritt: die freie Arbeit

Wenn der Hund die sorgfältige Arbeit auf der Schleppspur verinnerlicht hat, das heißt in verhaltener Gangart sich eng an den Verlauf hält, wird ihm eine etwa zwei Meter lange Leine an der Halsung befestigt. Das Ansetzen des Hundes erfolgt ähnlich dem bei der freien Spurarbeit. Der Führer zieht die bisher benutzte lange Feldleine durch die Halsung des Hundes, sodass beide Leinenteile die gleiche Länge haben. Er hält beide Teile kurz über der Halsung mit einer Hand fest. Mit der anderen Hand weist er auf den »Anschuss« und lässt dem Hund Zeit zum Untersuchen.

Sobald der Hund sich auf der Schleppfährte festgesogen hat, lässt der Führer beide Leinenteile bis kurz vor dem Ende langsam durch die Hand laufen, folgt dann 20 bis 30 m und behält schließlich nur noch ein Ende in der Hand, sodass die Leine durch die Halsung abläuft und den Hund frei gibt. Der Hund arbeitet nun allein mit dem kurzen Leinenstück bis zum geschleppten Gegenstand. Es bleibt ihm noch das Gefühl des Angebundenseins, ohne dass er sich bei der freien Arbeit verheddert.

Selbstredend sind die frei zu arbeitenden Strecken am Anfang kurz und werden mit zunehmender Übung kontinuierlich verlängert, bis der Hund schließlich vom »Anschuss« bis zum Ende unangeleint ist. Nach dem Bringen erfolgen wie immer vorschriftsmäßiges Setzen und peinlich sauberes Ausgeben. Danach lobt der Führer ausgiebig, gelegentlich reicht er auch einen Brocken.

Die Einforderung einer peinlich-sorgfältigen Arbeit des Hundes auf der Schleppe darf dabei nie vergessen werden. Jedes Abweichen vom Schleppenverlauf, wie jedes ungestüme Verhalten des Hundes, wird auch im fortgeschrittenen Stadium der Ausbildung augenblicklich durch den »Halt«-Befehl beziehungsweise Trillerpfiff geahndet.

Es hat sich bewährt, den zu ungestümen Hund aus der »Halt«-Lage am Anschuss anzusetzen und jede weitere Ungeduld durch den »Halt«-Befehl im Keim zu ersticken.

Der Schritt für Schritt nach dem beschriebenen Verfahren ausgebildete Hund wird sich schließlich in beherrschter Gangart eng an den Verlauf der Schleppe halten. Sollte der Hund doch einmal abkommen, wird er bemüht sein, die Spur rasch wiederzufinden.

Im Zuge des Verfahrens lernt der Hund, nie zurückzukommen, bevor er den geschleppten Gegenstand gefunden hat. Eine spezielle Körperhaltung des Führers kann als Sichtzeichen sein dementsprechendes Verhalten beeinflussen. Beispielsweise erwartet der Führer den Hund, wenn dieser ohne Stück zurückkommt, stets mit gewinkelt in die Hüfte gestemmten Armen. Ist der Hund auf 30 bis 40 Schritt herangekommen, ruft der Führer ihm ein drohendes »Verloren – Apport« entgegen. Daraufhin wird der Hund umkehren und erneut suchen. Das wiederholt der Führer bei jedem leeren Zurückkommen des Hundes, sodass er bald das Sichtzeichen in Verbindung mit der drohenden Aufforderung richtig verknüpft. Schließlich genügt das Sichtzeichen, um den Hund zu erneutem Suchen zu veranlassen. Eines Lautzeichens bedarf es dann nicht mehr.

Die Hündin kommt leer zurück, wendet sich aber angesichts der abweisenden Haltung des Führers wieder ab und der Schleppe zu.

Beim Ansetzen auf der Kaninchenschleppe gebärdet sich der Hund in unbeherrschter Verhaltensweise. So ist kein konzentriertes Arbeiten möglich.

Besser ist es, den Hund am Anschuss »Halt« machen zu lassen, wobei der Hund wenigstens eine halbe Minute in korrekter Haltung liegen muss.

Dann wird der Hund erneut auf der Schleppe angesetzt. Möchte er wiederum ungestüm davon toben, …

… muss er wiederholt in die »Halt«-Lage. Der Führer sollte dabei den kühlen Kopf bewahren und stets konsequent, aber beherrscht handeln!

Die Feldarbeit

Im engeren Sinne bezieht sich die Feldarbeit auf den Nasengebrauch, die Suche und das Vorstehen. Für diese Fächer gilt im Wesentlichen das im Abschnitt »Vorbereitung für die VJP« Gesagte (siehe Seite 44 ff.). Die Aufgabe besteht lediglich in der Verfeinerung der Manieren beim Gebrauch der Nase, der Verbesserung der Planmäßigkeit bei der Suche und der vermehrten Sicherheit beim Vorstehen.

Die planmäßige Suche

Die Planmäßigkeit bei der Suche ist in der Herbstzuchtprüfungs-Ordnung als zusätzliches Beurteilungskriterium vorgegeben. Das setzt eine hinreichende Anlehnung an den Führer voraus. Besonders mit stürmischen Hunden kann es diesbezüglich Probleme geben. Das »Halt« ist dann das zielführende Mittel!

Verhalten des Führers

Die Ruhe des Führers, seine ruhigen Bewegungen, seine je nach Situation scharf oder langsam, aber halblaut gesprochenen Worte und schließlich das Abpfeifen beziehungsweise Abrufen des vorstehenden Hundes ist von großer Bedeutung. Letzteres übt man anfangs auf wenige Schritt Entfernung (notfalls noch mithilfe der Leine), gewöhnt den Hund dann unter allmählicher Vergrößerung der Entfernung daran, dass er sich auch aus nahezu hundert Metern abpfeifen lässt, ohne das Wild herauszustoßen.

Weicht der Hund von der vom Führer vorgegebenen Laufrichtung nennenswert ab oder »überhört« er den Aufmerkpfiff zum Wenden, bannt ihn sofort der Trillerpfiff in die »Halt«-Lage. Danach ruft ihn der Führer per leisen Doppelpfiff entweder zu sich zurück oder weist ihm mit einfachem, lang gezogenem Aufmerkpfiff in Verbindung mit dem Sichtzeichen die gewünschte Richtung der Suche an. Jeder Versuch zum Ausbrechen wird sofort per »Halt« im Keim erstickt. Der Führer hält den Hund auf diese Weise zunächst kurz. Er lässt ihm erst dann mehr Raum, wenn alles mit kurzen Wendeschleifen klappt.

Reihenfolge der Signale beachten

Wichtig ist die Reihenfolge, in der die Signale gegeben werden. Zunächst ertönt der Aufmerkpfiff zum Wenden, sollte der Hund das erste Kommando ignorieren, folgt umgehend der Trillerpfiff. Gegebenenfalls sind, wenn der Hund nachlässig auf das »Halt«-Kommando reagiert, Kriechübungen angebracht. Nach dieser Vorgehensweise wird der Hund bald unter der souveränen Kontrolle des Führers suchen.

Vom Laut- zum Sichtzeichen

Jetzt, da der Führer den Hund bei seiner Suche hinsichtlich der Planmäßigkeit und Weite über die »Halt«-Ausbildung beherrscht, sollte er überwiegend mittels Sichtzeichen führen und mit Lautzeichen sparsam umgehen. Im Übrigen ist die häufige Führung das entscheidende Mittel. Bis Ende Juli/Anfang August wird das nur in Revieren mit größeren Weide- und Wiesenflächen möglich sein. Nach der Getreideernte aber wird es Zeit, den jungen Hund ins Feld zu bringen. Gerade der August ist besonders geeignet, unter anderem weil jagdlich noch relative Ruhe herrscht und der Jäger nicht in erster Linie an das Beutemachen denkt, sondern sich besser auf die Ausbildung seines Hundes konzentriert. Der junge Hund hatte bisher wenige Gelegenheiten, höhere Deckungen systematisch abzusuchen. Nunmehr lernt er, insbesondere in Kartoffel- und Rübenäckern Wild zu finden.

Beginn und Ende der Suche

Bei Beginn und Ende der Suche achtet der Führer streng darauf, dass der Hund vor dem Ab- beziehungsweise Anleinen die »Sitz«-Stellung einnimmt und so lange beibehält, bis der Befehl zum Suchen beziehungsweise Folgen kommt. Das verfeinert nicht nur den Gehorsam und verbessert den Eindruck auf die Verbandsrichter bei der Prüfung, sondern gibt der Suche auch gleich von Beginn an einen viel besseren Schwung. Der Hund sitzt mit hoch erhobenem Kopf da, seinen Führer aufmerksam beobachtend, und geht auf den kurzen Wink mit dem Unterarm wie aus der Pistole geschossen los. Vor allem bei Hunden mit weniger zügiger Suche ist dies außerordentlich förderlich.

Im Übrigen konzentriert sich der Führer während der Suche vollends auf den Hund, lässt sich nicht anderweitig ablenken und den Hund nicht aus dem Auge. Es darf ihm keine Reaktion des Hundes entgehen, damit er jeweils sachgerecht reagieren beziehungsweise einwirken kann. Zeigt der Hund zum Beispiel mit der Nase wahrgenommenes Wild an, folgt sogleich das Kommando »Hüüüüüt«, um ihn zum Vorstehen zu veranlassen. Es geht dabei nicht allein um das Vorstehen, sondern zugleich um das dem Hund gezeigte Interesse des Führers.

Der HZP-Kandidat setzt sich auf das Sichtzeichen des Führers und erwartet das Kommando zur Suche.

Auf das entsprechende Sichtzeichen zum Suchen »schießt« er in den Rübenacker hinein.

Die Wasserarbeit

Die Wasserarbeit unterscheidet sich durch das andere, das »nasse Element« wesentlich von jeder anderen Jagdart. Die Vorbereitung des jungen Hundes muss deshalb damit beginnen, den Zögling mit dem Wasser vertraut zu machen. Wenn der Welpe bereits entsprechend geprägt wurde (siehe Seite 26), ist ein gutes Stück Arbeit erledigt.

Den Hund an Wasser gewöhnen

Aber auch dem Jährling ist das Ins-Wasser-Gehen noch zu einer freudigen Angelegenheit zu machen. Wenn vorhanden, kann der ältere Zwingergenosse, dem der Jährling überall hin folgen möchte, auch hier als Vorbild hervorragende Dienste leisten. Beim gemeinsamen Schwimmen und Stöbern im Schilf wird der Zögling rasch mit dem Wasser selbst und der Deckung im Wasser vertraut.

Es gibt jedoch auch Hunde, die anlagebedingt eine derartige Abneigung gegen das Wasser haben, dass sie auch dem Zwingergenossen trotz aller Begleitreize nicht folgen. Zudem hat nicht jeder Führer einen erfahrenen Hund oder ihm fehlt die Gelegenheit, beide Hunde zugleich an Wasserwild zu bringen. In solchen Fällen bewährt es sich stets, dass der Führer selbst mit dem Hund ins Wasser geht und schwimmt. Er nimmt also seinen Kandidaten an die Leine und begibt sich an einem warmen Tag freudig gestimmt an ein Gewässer, das einen Uferbereich ohne steilen Rand und allmählich zunehmende Wassertiefe aufweist. Der Führer sollte nach einigen Metern noch stehen können, während der Hund bereits schwimmen muss. Entspannt und mit aufmunterndem Zuspruch geht der Führer mit seinem Hund gemeinsam ins Wasser, und zwar langsam und unaufhaltsam. Sträubt der Hund sich, übt der Führer ruhigen, festen Zug mit der Leine aus und lobt dabei.

Es zahlt sich aus, wenn die Welpen das Wasser als Normalität kennenlernen und ohne Probleme annehmen. Als HZP-Kandidaten haben sie dann einen Schritt voraus.

Nie wird der Hund hart angeredet, um ihn nicht einzuschüchtern. Der Zweck dieser Übung ist, dem Hund Sicherheit und Selbstvertrauen im Wasser zu geben. Schwimmen beide zwanzig oder dreißig Meter weit nebeneinander her, so löst der Führer unmerklich die Leine und lässt den Hund frei schwimmen.

Ganz ängstliche Hunde werden eventuell, sobald sie den Boden unter den Füßen verlieren, nicht schwimmen, sondern »wassertreten«. Um das zu verhindern, sollte der Hundeführer nie stehen bleiben, sondern langsam, aber stetig weitergehen. Mit der rechten Hand zieht man leicht und vorsichtig den Hund vorwärts, und die Linke fasst recht behutsam unter den Bauch möglichst weit nach hinten und hebt den Hinterteil des Körpers leicht an. Hierbei wird die Vorwärtsbewegung immer fortgesetzt. Man muss allerdings sehr darauf achten, die Hinterhand nicht zu hoch zu heben, denn wenn der Hund dadurch mit dem Kopf unter Wasser käme, würde er natürlich noch ängstlicher.

Aus vielfacher Erfahrung kann versichert werden, dass auf diese Art jeder verunsicherte Hund binnen kurzer Zeit das selbstständige Schwimmen lernt. Nach drei bis vier Übungen, zunächst immer an der Leine, hat er die Scheu vor dem Wasser verloren.

Bringen aus tiefem Wasser

Wenn die Grundausbildung für das Apportieren abgeschlossen ist und der Hund freiwillig das Wasser annimmt, übt man recht oft das Bringen aus tiefem Wasser. Der Apportier-Gegenstand muss schwimmen und dem Hund aus den Übungen zu Lande bekannt sein, gegebenenfalls eine tote Ente. Bei vielfacher Wiederholung an verschiedenen Tagen lernt der Hund, zunehmend selbstsicher zu schwimmen und sich im tiefen Wasser unbekümmert zu bewegen. Zudem bringen die meisten Hunde im Verlauf solcher Übungen mit zunehmender Freude aus tiefem Wasser. Die Vorarbeiten sind damit abgeschlossen.

Wasserarbeit bei der Prüfung

Mit der Herbstzuchtprüfungs-Ordnung sind für die Wasserarbeit vier Prüfungsfächer vorgegeben, nämlich

- die Schussfestigkeit,
- das Verlorensuchen im deckungsreichen Gewässer,
- das Stöbern mit Ente im deckungsreichen Gewässer und
- das Bringen der Ente.

Bringen der Ente aus tiefem Wasser

Die Vorbereitung für die Wasserarbeit beginnt der Führer sinnvollerweise mit dem Bringen der Ente aus tiefem Wasser. Das Bringen zum Führer ist ein besonderer Ausdruck der Zusammengehörigkeit von Hund und Führer. Wie bei allen Übungen zu Lande ist auch hier auf rasches Aufnehmen der Ente und zügiges Herankommen zum Führer zu achten. Unter der Voraussetzung einer sorgfältigen Apport-Grundausbildung machen die meisten Hunde keine nennenswerten Schwierigkeiten beim Bringen aus tiefem Wasser.

Hilfsmittel lange Leine: Manche passionierte und nicht so gründlich ausgebildete Hunde neigen allerdings dazu, mit der ergriffenen Ente weiterzuschwimmen, sie also nicht unverzüglich

Disziplin am Wasser: Der Hund bleibt beim Wurf des Apportels beherrscht sitzen und …

… springt auf Kommando des Führers freudig voran, um zum Apportel zu schwimmen.

Der Führer steht nahe am Wasser, während der Hund mit dem Apportel zurückkommt, …

… bewegt sich in dem Moment rückwärts, in dem der Hund nicht mehr schwimmt, …

macht einen Schritt nach vorn, wenn der Hund nahe heran gekommen ist, …

… sodass sich der Hund sofort setzt und das Apportel korrekt ausgibt.

zum Führer zu bringen. In solchen Fällen kann die lange Leine an der Halsung helfen.
Sie muss allerdings geschickt, am besten von erhöhter Uferwarte aus, gehandhabt werden, damit sich der Hund beim Schwimmen nicht darin verfängt. Zudem ist darauf zu achten, dass bei dieser Übung im Wasser kein Hindernis die Führung mit der langen Leine einschränkt.

Man beginnt zunächst mit kürzeren Entfernungen, etwa drei bis vier Metern. Sobald der Hund die Ente aufnimmt, zieht der Führer lobend und in angemessenem Tempo zügig an der Leine vorgreifend seinen Zögling zu sich heran. Sobald der Hund Boden unter die Läufe bekommt, geht der Führer einige Schritte rückwärts und, wenn der Hund nahe herangekommen ist, unvermittelt wieder einen Schritt auf ihn zu. Danach sind für den Hund »Sitz« und »Laaass« nur noch Selbstverständlichkeiten aus der Grundausbildung.

Im Verlauf anschließender Übungen wird die Ente kontinuierlich weiter, bis etwa zwanzig Meter, ins Wasser geworfen und stets auf rasches Aufnehmen und zügiges Zurückkommen des Hundes geachtet. Wenn der Hund erkennen lässt, dass er auch aus weiterer Entfernung mit der Ente ohne Leinenzug sogleich zum Führer strebt, lässt der Führer die Leine weg. Die Übung wird dann ohne Leine wiederholt, erneut zunächst auf kurze und dann auf kontinuierlich wachsende Entfernung.

Nur bekannte Apportiergegenstände nutzen: Bei den Übungen ist immer ein dem Hund bekannter Apportiergegenstand zu benutzen. Niemals übt man mit einem eben aufgelesenen Stock, weil der Hund sich dann daran gewöhnt, einen ihm zufällig in die Quere kommenden Gegenstand zu »apportieren«! Das wird insbesondere beim späteren Verlorensuchen in der Deckung relevant, wenn der Hund die Ente nicht gleich findet und seinen Herrn mit einem anderen Gegenstand zu beruhigen sucht.

Schussfestigkeit überprüfen: Im Zuge der Vorübungen zur Wasserarbeit sollte die Schussfestigkeit im Wasser überprüft werden, wenn der Hund die 20 bis 30 m weit auf die freie Wasserfläche geworfene Ente bereits freudig apportiert. Zugleich sollte er die unten beschriebenen Gehorsamsübungen am Wasser beherrschen. Sobald der zum Apportieren geschickte Hund schwimmend der Beute zustrebt, schießt der Führer über den Hund hinweg in Richtung der Ente (am besten dahinter) auf die Wasserfläche. Der Hund soll davon unbeeindruckt weiterschwimmen und die Ente aufnehmen und bringen.

Spezielle Kommandos für die Wasserarbeit

Im Rahmen der vielseitigen Ausbildung des Jagdgebrauchshundes ist es sinnvoll, für jede gestellte Aufgabe ein spezielles Kommando zu verwenden, sei es bei der Aufforderung zur Suche im Felde, zum Stöbern im Wald, zum Buschieren (Suche in Schrotschussentfernung vom Führer, ein Prüfungsfach der Verbands-Gebrauchs-Prüfung), zum Verlorensuchen des herabgeschossenen Fasans und allen anderen Aufgaben, so auch bei der Wasserarbeit. Der Hund kann sich somit jeweils zielgerichtet auf die gegebene Anforderung einstellen. Es bleibt dem Führer natürlich überlassen, welches Kommando er im Einzelfall wählt. Entscheidend ist, dass er es stets in Verbindung mit der Aufgabe anwendet. Beispielsweise stellt der Verfasser bei der Wasserarbeit in Anlehnung an den Entenlaut ein »Paak-Paak« voran, sodass es zum Verlorensuchen »Paak-Paak – Verloren-Apport« heißt und zum Stöbern im deckungsreichen Gewässer »Paak-Paak – Hetz-Hetz«. Bei konsequenter, situationsgerechter Einhaltung des speziellen Kommandos lernt der Hund sehr schnell die unterschiedlichen Bedeutungen. Wasserfreudige Hunde nehmen auf »Paak-Paak« das Wasser dann zuweilen gar zu stürmisch an, sodass der Führer über den Gehorsam wieder mehr Besonnenheit einfordern muss.

Gehorsam am Wasser

Dem Gehorsam am Wasser sollte der Führer seine besondere Aufmerksamkeit widmen. Allzu oft ist bei Prüfungen das erbärmliche Bild zu beobachten, wie der Führer mit seinem ungeduldigen Hund vor und beim Schnallen »kämpft«, weil dieser nicht abwarten kann, etwa bei der Schussfestigkeits-Prüfung zur geworfenen Ente zu kommen. Wenn dann noch die mitgeführte Flinte geladen ist, besteht ein ernstes Sicherheitsrisiko. Bei der praktischen Wasserjagd ist ein solches Verhalten überhaupt nicht akzeptabel. Allein die Wurfbewegung mit der Ente, die zunächst in der Hand des Führers bleibt, kann für den nicht angeleinten Hund Anreiz genug sein, ungezügelt ins Wasser zu springen.

Der Hund muss also lernen, auch angesichts des starken Reizes beherrscht neben dem Führer sitzen zu bleiben und erst auf dessen Befehl das Wasser anzunehmen. Auf der Basis sorgfältiger Grundausbildung ist es eine einfache Aufgabe, den Hund in wenigen Minuten die Selbstbeherrschung zu lehren.

Schussfestigkeit am Wasser: Der Führer schießt über den schwimmenden Hund hinweg hinter der geworfenen Ente auf die Wasserfläche.

So geht's

Der Führer steht am Gewässerufer, hält die Ente in der einen, die feste Gerte in der anderen Hand, während der angeleinte Hund neben ihm sitzt. Nach mahnendem »Sitz« wirft er die Ente ins Wasser und reagiert blitzschnell mit einem Gertenhieb auf die Kruppe, wenn der Hund sich erheben will. Es bedarf in der Regel nicht mehr als drei solcher Übungen hintereinander, nach denen der Hund die Situation verinnerlicht hat und korrekt sitzen bleibt. Wenn das klappt, wird die Halsung ruhig über den Kopf gestreift und der Hund nach einigen Sekunden zum Bringen geschickt.

Im nächsten Schritt löst der Führer die Leine von der Halsung des korrekt sitzenden Hundes und führt danach die beschriebene Wurfbewegung mit der Ente aus. Wiederum wird jedes Verlassen der »Sitz«-Haltung mit einem Gertenhieb geahndet. Auch hierbei wird der Hund nach spätestens drei Übungen korrekt sitzen bleiben. Danach folgt die »Nagelprobe«, wobei die Ente wieder ins Wasser geworfen wird. Einige Hunde bleiben bei dieser Übung bereits sitzen, andere können noch nicht widerstehen und wollen hinterher. Es kommt darauf an, dass der Führer konzentriert, blitzschnell und für den Hund wirklich spürbar mit der Gerte reagiert, sodass der Zögling schließlich im »Sitz« bleibt. Bei besonders hartnäckigen Hunden kann zunächst anstelle der »Sitz«-Haltung auch die korrekte »Halt«-Lage gefordert werden.

Für die Wurfbewegung mit der Ente und das Werfen der Ente ins Wasser ist eine andere Person in unmittelbarer Nähe des Führers hilfreich, damit der Führer sich besser auf den Hund

Gespannt und diszipliniert wartet der Hund auf den weiteren Einsatz im Wasser.

Als erste Disziplinierungsübung täuscht der Führer einen Wurf mit der Ente vor.

konzentrieren kann. Der geschickte und reaktionsschnelle Führer schafft es aber auch allein.

Es bewährt sich sehr, wenn der Führer anschließend den Hund mehrmals frei bei Fuß vom Ufer weg und wieder zurück führt und bei jedem Stehenbleiben, sowohl nach dem Weggehen wie auch anschließend am Ufer, das unverzügliche, korrekte »Sitz« einfordert. Erst nach einigen Wiederholungen bekommt der Hund den Befehl zum Bringen und darf die Ente aus dem Wasser holen, wenn er sich zuvor beherrscht verhält.

Das Ziel ist erreicht, wenn

- der Führer entspannt mit dem Hund bei Fuß und geschulterter Flinte ans Ufer tritt,
- der Hund sich dort bei leisem Kommando korrekt setzt,
- die Ente ins Wasser geworfen wird,
- der Führer dem Hund ruhig die Halsung abstreift,
- die Leine am Körper ordnet,
- die Flinte von der Schulter nimmt und lädt und
- erst dann nach kurzer Pause den Hund zum Bringen der Ente auffordert.

Verlorensuchen im deckungsreichen Gewässer

Beim Verlorensuchen im deckungsreichen Gewässer muss der Hund eine in die Deckung gefallene Ente suchen, finden und selbstständig bringen. Sobald der Hund gelernt hat, die ins offene Wasser geworfene und dort für ihn sichtbare Ente einwandfrei zu bringen, wird die Anforderung dahingehend erhöht, dass das Suchen und Finden dem reinen Bringen vorangeht.

Schritt 1:

Im ersten Schritt wirft eine Hilfsperson die Ente etwa zehn bis zwanzig Meter vom Ansetzpunkt entfernt so in die Deckung, dass der Hund den Vorgang eräugt. Nach kurzer Pause, während deren der Hund beherrscht neben dem Führer sitzt, wird er mit »Paak-Paak – Verloren-Apport«-Befehl zum Suchen, Finden und Bringen aufgefordert. Stets ist auf zügiges Bringen der

Begehrlich fixiert der Hund die ins Wasser geworfene Ente, bleibt jedoch korrekt sitzen.

Trotz des großen Reizes folgt der Hund dem sich vom Ufer abwendenden Führer »frei bei Fuß«.

gefundenen Ente zu achten und korrektes Verhalten mit Lob zu belohnen. Im Verlauf weiterer Übungen wird die Ente schrittweise in weiterer Entfernung vom Ansetzpunkt in die Gewässerdeckung geworfen. So lernt der Hund zum einen, vorwiegend in der Deckung zu suchen, und zum anderen, sich voll auf das Verlorensuchen in zunehmendem Aktionsradius zu konzentrieren.

Schritt 2:

Im nächsten Schritt wird die Situation in der Weise verändert, dass der Hund den Vorgang nicht mehr eräugt, sondern nur noch das platschende Geräusch der auf das Wasser fallenden Ente hört. Nach wenigen Sekunden wird er mit gleichem Kommando ins Wasser geschickt. Der Lernprozess geht in der Regel zügig voran.

Schritt 3:

Im letzten Schritt nimmt der Hund auf den Befehl »Paak-Paak – Verloren-Apport« die Suche zielbewusst auf, ohne zuvor eräugt oder gehört zu haben, dass die Ente in der tiefen Gewässerdeckung deponiert wurde.

Unter Einrechnung der Pausen zwischen den Übungen hat der Hund an einem warmen Sommertag innerhalb von 1 bis 2 Stunden das Verlorensuchen im deckungsreichen Gewässer begriffen. In der Folge sucht der Führer erschwerte und verschiedenartige Bedingungen. Der Hund soll im weiteren Training auch physisch zunehmend gefordert beziehungsweise trainiert werden. Das Schwimmen in der Deckung ist für sich schon eine anstrengende Tätigkeit. Je dichter dort das Schilf oder das vom Ufer überhängende Weidengestrüpp, desto stärker ist der Durchhaltewille des Hundes beansprucht.

Zudem muss der Hund auch unter solchen Bedingungen die Ente selbstständig bringen. Während der Führer das Wohlverhalten des Hundes zu Beginn der Übungen noch mit deutlichem Lob begleitet, geht er nun damit immer sparsamer um, bis er schließlich erst nach dem Ausgeben der gebrachten Ente ausgiebig lobt. Der Hintergrund dafür ist, dass der Hund lernen muss, nach dem Finden der Ente diese ohne jegliche Einwirkung des Führers selbstständig aufzunehmen und zügig zu bringen.

Mit dieser Ausbildung und Prüfung wird der jagdlichen Praxis Rechnung getragen. Im unübersichtlichen Gelände oder bei schwinden-

Die Blickverbindung spricht Bände, gleich darf der Hund die Ente aus dem Wasser holen.

Am gegenüber liegenden Gewässerufer wird die Ente ins Schilf geworfen.

Zum »Verlorensuchen« überquert der Hund zunächst die freie Wasserfläche.

dem Tageslicht – etwa beim abendlichen Entenstrich – kann der Führer den Hund am gefundenen Wild nicht unmittelbar kontrollieren, muss also auf dessen Selbstständigkeit und Zuverlässigkeit bauen.

Stöbern mit Ente im deckungsreichen Gewässer

Der Führer sollte jede Möglichkeit nutzen, unter kontrollierten Bedingungen eine eben erlegte beziehungsweise getötete, das heißt eine frischwarme Ente korrekt apportieren zu lassen. Die damit verbundene zusätzliche Erfahrung für den Hund ist beim letzten HZP-Fach, nämlich dem Stöbern mit Ente im deckungsreichen Gewässer, bedeutsam.

Wer in den ersten Septembertagen die Gelegenheit zur Entenjagd an entsprechenden Gewässern hat, bietet seinem Hund die beste Ausbildungsmöglichkeit. Nach der vorstehenden Ausbildung ist es für den Jährling ein großes und prägendes Erlebnis, die Schwimmspur von Wildenten auszuarbeiten und die frisch erlegten Enten zu suchen und zu bringen.

Dieser Weg, den Hund zugleich für das Stöbern mit Ente im deckungsreichen Gewässer auszubilden, steht allerdings den wenigsten offen. Der Hund muss aber lernen, einer krank geschossenen Ente unter praxisnahen Erschwernissen auf deren Schwimmspur zu folgen beziehungsweise seine Eignung dafür nachweisen! Fehlt es an ausreichender praktischer Ausbildung bei der Wasserjagd, so kann man, wenn es der landesrechtliche Rahmen erlaubt, den Hund mit einer kurzzeitig in ihrer Flugfähigkeit eingeschränkten Ente arbeiten.

Rechtliche Grundlagen für die Arbeit mit der lebenden Ente

Aufgrund tierschutzbegründeter Argumentation ist die Arbeit mit der lebenden Ente nicht in allen Bundesländern erlaubt. In den meisten Bundesländern ist die Einarbeitung an der lebenden Ente zulässig, unterliegt aber besonderen Bedingungen, die ausdrücklicher Bestandteil der Prüfungsordnungen für die Wasserarbeit sind. Der Führer muss die Bestimmungen kennen und während der Einarbeitung beachten. Die wichtigsten Punkte sind folgende:

- Der Hund darf an nicht mehr als drei Enten insgesamt eingearbeitet werden.
- Es dürfen nur voll ausgewachsene Stockenten verwendet werden, deren Flugfähigkeit nach der Methode von Prof. Müller (Papiermanschette über einzelne Schwungfedern einer Schwinge) für kurze Zeit eingeschränkt wird. Das Papier weicht auf, sodass die Ente, wenn sie nicht zuvor erlegt oder vom Hund gegriffen wurde, wieder frei fliegen kann.
- Die Enten müssen während der Aufzucht und Haltung mit Wasser und Deckung vertraut sein und ihr Gefieder zur physischen Stabilität uneingeschränkt einfetten können.
- Übungen mit lebender Ente sind nur außerhalb der Brutzeiten zulässig.
- Wird die Ente vom Hund aus der Deckung aufs offene Wasser gedrückt und sichtig verfolgt, ist sie unter Beachtung der Sicherheit unverzüglich zu erlegen.
- Eine evtl. vom Hund lebend gebrachte Ente ist umgehend waidgerecht zu töten.

Dieser Erpel ist urgesund und kann sich deshalb geschickt der Verfolgung des Hundes im deckungsreichen Gewässer entziehen.

Die Arbeit mit der lebenden Ente

Mit den Übungen zum Verlorensuchen in deckungsreichen Gewässern sind gewisse Voraussetzungen geschaffen worden. So kennt der Hund bereits Erschwernisse in der Gewässerdeckung. Das Suchen, Finden und Bringen der Beute bei der Wasserarbeit ist ihm geläufig. Ihm fehlt aber der wichtige Nachweis, dass er der flüchtenden Ente, angesichts ihrer Widergänge und Tauchmanöver, trotz widriger Hindernisse auf längerer Strecke zu folgen vermag beziehungsweise dazu willens ist. Ausgeprägter Durchhaltewillen, Härte gegen sich selbst und ungebrochener Finderwille sind entscheidende Anlagen. Als Prüfung gibt es bislang keine Alternative zur lebenden Ente, um »die Spreu vom Weizen zu trennen«!

Aber wie bei allen Anlagen braucht der Hund auch hier hinreichende Übung, damit seine Anlagen angemessen zur Geltung kommen. Die Ausbildung mit der lebenden, vorübergehend flugunfähigen Ente beinhaltet für den passionierten Jagdhund einen hohen Anreiz. Deshalb genügen relativ wenige Gelegenheiten, um im Rahmen seiner Anlagen den Nasengebrauch auf der Schwimmspur unter widrigen, körperlich anstrengenden Verhältnissen zu entwickeln.

Das Einsetzen der Ente in das Wasser soll der Hund nicht beobachten. Er wird erst angesetzt, nachdem die Ente außer Sicht ist. Beim ersten Mal beginnt die Schwimmspur unmittelbar am Ufer, sodass der Hund rasch die nasenmäßige Verbindung zur Ente bekommt. Bei der Folgeübung wird die Ente so ein- und der Hund so angesetzt, dass letzterer erst das Wasser annehmen muss, um schwimmend den Anschluss zu suchen und dann der Spur zu folgen. Die Entfernung beträgt schließlich zwanzig bis fünfundzwanzig Meter.

Damit einhergehend sollte der Führer die Gewässer in der Folge so auswählen, dass die erste Übung im nicht zu großen Teich mit einfacher Deckung beginnt und danach zunehmend anspruchsvollere Bedingungen hinsichtlich Gewässergröße und Deckungsart herrschen. Diese Vorgabe sollte auch in Verbindung mit der Einarbeitung zum Verlorensuchen im deckungsreichen Gewässer berücksichtigt werden. Ein Gewässer ohne Deckung ist wertlos; der Hund soll lernen, der Ente mit der Nase zu folgen, nicht mit dem Gesicht.

Arbeitet er die Schwimmspur, lobt ihn der Führer aufmunternd und erlegt schließlich die sichtige Ente vor dem Hund. Beim nächsten Mal, wenn der Hund der Schwimmspur unter anspruchsvolleren Ansprüchen einigermaßen ausdauernd und sicher folgt, wird die Ente nach Möglichkeit etwa dreißig Meter vor ihm erlegt, ohne dass der Hund den Vorgang eräugt. So gelangt er während der Arbeit auf der Schwimmspur zur Ente, die er selbstständig aufnehmen und bringen soll. Schließlich soll der Hund nach längerer Schwimmspurarbeit die Ente allein aus der Deckung drücken. Sowie die vom Hund eräugte Ente das offene Wasser erreicht hat, wird sie unverzüglich durch den Führer erlegt. Das ist für den Hund ein außerordentlich eindrucksvolles Erlebnis, wobei er zuweilen seine anschließende Pflicht, nämlich das saubere Bringen vergisst. In jedem Falle aber fordert der Führer Korrektheit und Zügigkeit beim Bringen aus dem Wasser ein.

Das Bringen allgemein

Spursicherheit, Nasengebrauch, Suche und Wasserarbeit sind nur im Rahmen der individuellen Anlagen zu verbessern. Demgegenüber hängt die Art und Weise des Bringens nahezu allein vom Ausbilder und Führer ab. Das Bringen ist ein reines Ausbildungsfach und somit ein Spiegelbild des Ausbilders beziehungsweise Führers. Aus diesem Grund sollte jeder Führer gerade diesem Fach seine ganze Aufmerksamkeit schenken.

Die Apport-Dressur

Über die Apport-Dressur kann sich jeder Führer in einem guten Sachbuch über Jagdhundeausbildung orientieren. Der Verfasser rät dringend, diese Dressur zu Hause (Stubendressur) nicht auf die leichte Schulter zu nehmen, das Bringen dem Hund nicht spielend oder halb spielend oder mit großem Entgegenkommen beibringen zu wollen. Das mag bei diesem oder jenem vom Zeitgeist Inspirierten ein Stirnrunzeln verursachen, ändert aber nichts daran, dass das Fehlen einer soliden Zwangsdressur sich hier bitter rächt. Das kann bereits bei Prüfungen erfolgen, wird sich aber mit Sicherheit in der jagdlichen Praxis einstellen, wenn widrige Umstände verschiedenster Art eintreten, die objektiv durchaus überwindbar sind, subjektiv vom jeweiligen Hund aber nicht gemeistert werden. Dem Hund fehlt schlicht die Ausbildung zur Zuverlässigkeit.

Es wird also vorausgesetzt, dass der Hund eine solide Abrichtung im Bringen in Haus, Hof und Garten hinter sich hat, um nunmehr auf der Schleppe oder aus dem Wasser Wild zu bringen.

Beim Bringen von Feder- und Haarnutzwild auf der Schleppe ist vor allem das ordnungsmäßige Ansetzen des Hundes am »Anschuss« von Bedeutung (siehe Seite 99 ff.):

- ruhiges Zeigen und Festsaugenlassen am »Anschuss«,
- nach kurzem Folgen nicht plötzlich »schnallen«, sondern den Riemen oder die Leine unmerklich durch die Halsung gleiten lassen.

Es ist zwar kein Fehler, dem Hund ein energisches »Verloren-Apport« mit auf den Weg zu geben, zweifellos aber macht es einen besseren Eindruck, wenn der halblaut gesprochene Befehl zum Bringen genügt. Auch ein lautes Anbrüllen für den Fall, dass der Hund leer zurückkommen sollte, ist zu vermeiden. Vielmehr sollte der Hund mit gleicher Ruhe erneut zum »Anschuss« gelegt werden. Zeigt der Hund während der Einarbeitung mit Wild ein unentschlossenes, zaghaftes Herankommen, so geht der Abrichter unter gar keinen Umständen auf ihn zu, sondern klopft sich mit den Händen auf die Oberschenkel – begleitet von freundlichen Lobesworten – und bewegt sich rückwärts. Erst unmittelbar vor dem Führer wird der Hund durch einen Schritt nach vorn, verbunden mit dem erhobenen Zeigefinger, veranlasst, sich korrekt zu setzen.

Bringen auf der Rückfährte

In dem Zusammenhang bewährt sich das Bringen auf der Rückfährte in besonderer Weise. Dazu geht man mit dem Hund an der Leine oder frei bei Fuß und legt auf dem Weg beispielsweise das Kaninchen ab. Nach wenigen Metern wird der Hund mit »Zurück-Apport« zum Stück geschickt. Sowie er aufnimmt, bewegt

Bringen auf der Rückfährte: Zunächst wird der Hund mit »Zurück-Apport!« losgeschickt.

Der Hund nimmt, ohne zu zögern, das Kaninchen auf. Der Führer geht in der Zwischenzeit weiter.

Der Hund kommt mit dem Kaninchen im Fang zum Führer zurück und setzt sich.

Nachdem der Hund korrekt ausgegeben hat, wird er vom Führer für seine Leistung gelobt.

sich der Führer von ihm weg, aber mit stetem Blick zu ihm. Der Hund ist dann immer bemüht, rasch wieder Anschluss an seinen Führer zu bekommen. Die Entfernung wird kontinuierlich bis mehrere hundert Meter verlängert und der Weg nicht mehr nur auf einem vorgegebenen Pfad, sondern auch durch das Gelände genommen. Der Hund erfüllt diese Aufgabe mit zunehmender Freude und bringt dementsprechend zügig. Jeder Spaziergang im Freien kann dafür genutzt werden. Die Übung ist zudem für das Aufbautraining zum Schwerapportieren bestens geeignet.

Auf korrektes Apportierverhalten achten

Manche Hunde – und das sind gewöhnlich die freudigsten Apporteure – umkreisen stolz und rutewedelnd mit der Beute im Fang ihren Führer und vergessen in ihrer Freude das sofortige Setzen. Gewiss ist eine »Ehrenrunde« kein ausgesprochener Fehler und eine scheinbare Kleinigkeit. Aber das sofortige disziplinierte Setzen mit dem Stück Wild vor dem Führer ist ein nicht zu unterschätzender Teil solider Apport-Ausbildung. Bei Prüfungen macht das Gespann zudem einen besseren, souveränen Eindruck. Deshalb sollte man den Hund bei der Einarbeitung in der beschriebenen Art und Weise an ein schnelles »Sitz« gewöhnen. Der Führer sollte den zur »Ehrenrunde« neigenden Hund vor dem Ausgeben nicht loben, gegebenenfalls vielmehr mit einem angemessenen Gertenhieb das sofortige »Sitz« einfordern. Erst nach dem Ausgeben ist ein verhaltenes Lob angebracht.

Korrektes Ausgeben

Ein grober Fehler ist das Fallenlassen des Wildes vor oder nach dem Setzen, ohne dass der Führer einen Befehl zum Ausgeben erteilt hat. Bei einem Hund mit solider Zwangsausbildung kommt es kaum vor. Sollte einem solchen Hund das Wild durch irgendeinen unglücklichen Umstand aus dem Fang rutschen, so wird er es sofort von selbst ohne jede Einwirkung wieder aufnehmen. Auf jeden Fall ist bei der Einarbeitung peinlichst darauf zu achten, dass nicht die Handbewegung zum Stück, sondern allein das akustische Kommando für das Ausgeben gilt! Zudem wird dem Hund das Wild immer erst einige Zeit nach dem Setzen abgenommen.

Ein gewichtsvariabler Apportierbock ist für das Training auf der Rückfährte ebenfalls geeignet.

Der korrekte Arbeitsgang ist folgender:

1. »Sitz«, möglichst nur auf Sichtzeichen (Erheben des Zeigefingers),
2. einige Sekunden Pause (bei der Einarbeitung bis zu einer halben Minute),
3. ein- oder zweimaliges, leicht klopfendes Streicheln des Kopfes mit der einen Hand,
4. einige Sekunden Pause,
5. Anfassen des Apportiergegenstandes mit der anderen Hand,
6. einige Sekunden Pause,
7. Kommando »Laaass« mit Abnahme und Behalten des Apportiergegenstandes,
8. der Hund bleibt noch sitzen und wird dann gelobt.

Die Pausen sind von großer Bedeutung. Sie sind es, die den Hund zu sauberer Arbeit erziehen. Ganz besonders wichtig sind die Phasen 5 bis 7.

Man trainiere den Hund stets so, dass der Befehl »Laaass« oder »Aaaus« nicht mit dem Greifen nach dem Apportel zusammenfällt, sondern erst wenige Sekunden später folgt. Andernfalls begreift der Hund das Anfassen des Apport-Gegenstandes als Sichtzeichen für das Ausgeben. Wenn Zugriff und »Laaass« zusammenfallen, wird der Hund zum Fehler verführt. Er wird den Fang schon in dem Augenblick der Zugriffbewegung öffnen und schon liegt das Wild auf dem

Nicht der Griff des Führers zum Apportiergegenstand darf den Hund zum Ausgeben veranlassen, sondern erst das entsprechende Lautkommando.

Boden. So wertvoll sonst bei jeder Führung ein Sichtzeichen ist, hier ist es unangebracht.

Das »Laaass« spricht der Führer recht gedehnt aus, das trägt zum langsamen Öffnen des Fanges bei. Beim Ausgeben muss alle Hast vermieden werden.

Bringen aus tiefem Wasser

Besondere Aufmerksamkeit verdient das Bringen aus tiefem Wasser, weil fast jeder Hund sich gern bald das Wasser abschütteln möchte und dabei die Ente hinlegt. Das beste Mittel, dem entgegenzuwirken, ist neben der soliden Grundausbildung das eben genannte Verfahren bei der Abnahme jeglichen Apportiergegenstandes. Bei den ersten Übungen am Wasser arbeitet man besonders genau. Im Übrigen geht der Führer, analog zu der eben beschriebenen Art und Weise, in dem Augenblick, da der am Ufer angelangte Hund Boden unter den Läufen erreicht, schnell einige Schritte zurück und, sobald der Hund aus dem Wasser heraus ist, wieder rasch auf ihn zu, sodass er sich vor dem Schütteln korrekt mit der Beute im Fang setzt. Wichtig ist, dass der Führer dabei keine Hektik verbreitet, sondern blitzschnell und souverän reagiert.

Legt der Hund die Ente ab, um sich zu schütteln, ist das stets zu ahnden! Der Hund muss lernen, dass er auch außerhalb des unmittelbaren Einflussbereiches des Führers, wenn er sich schüttelt, die Ente immer im Fang behält! Der Grund ist jagdlich bedeutsam, weil der Hund während der Sekunde des Schüttelns seine Aufmerksamkeit nicht auf die gegebenenfalls geflügelte Ente richtet, welche den Moment dann zur Flucht nutzt.

Richtig loben

Im Prüfungsgeschehen kann man immer wieder beobachten, dass Führer nach dem Abnehmen des Stückes Wildes dieses gedankenlos beiseitelegen, um sich allein überschwänglich dem Loben des Hundes zu widmen. Abgesehen davon, dass dem Hund die ehrliche Freude des Führers nicht entgeht und es dafür keiner lauten Lobeshymnen bedarf, hält der Verfasser solche Verhaltensweisen für eine Unsitte, und zwar weil

- er das achtlose Beiseitelegen des Wildes als Ausdruck mangelnden Respektes vor der Kreatur empfindet, und
- das gebrachte Stück Wild das verbindende Zeichen für Führer und Hund ist, was der Hund nur verinnerlicht, wenn auch der Führer es lebt.

Deshalb sollte der Führer das abgenommene Stück Wild auch während des Lobes für den Hund in der Hand behalten.

Zurück mit der geschleppten Ente, setzt sich der Hund und wartet auf das Abnehmen.

Der Führer legt seine linke Hand ruhig liebkosend auf den Kopf des Hundes und spricht unaufgeregt lobende Worte.

Dann fasst er mit der rechten Hand die gebrachte Ente und achtet darauf, dass der Hund erst nach dem Lautkommando ausgibt.

Die Führigkeit

Die Führigkeit spielt bei der Frühjahrsprüfung (siehe Seite 54 f.) eine entscheidende Rolle und ist auch bei der HZP wieder ein Thema.

Führigkeit und Jagdtrieb stehen häufig im Gegensatz zueinander, denn gerade die beutegierigen, arbeitsfreudigsten Hunde sind in der Regel weniger leicht zu führen. Die Führigkeit ist deshalb ein Fach, das der Richter auf der HZP (im Gegensatz zur VJP) in der kurzen Zeit der Prüfung sehr oft nicht richtig zu beurteilen vermag. Angesichts der zwischenzeitlichen Gehorsamsausbildung muss er sich darauf beschränken, aus der Zusammenarbeit zwischen Führer und Hund und der Art und Weise, wie der Hund auf die Laut- und Sichtzeichen seines Herrn reagiert, seine Schlüsse zu ziehen.

Für den Führer kommt es darauf an, eine gegebenenfalls nur geringe Anlage zur Führigkeit durch seinen erhöhten Einfluss auf den Hund über den Gehorsam auszugleichen. Ein wirklich durchgearbeiteter, gehorsamer Hund, der bei der Suche jeden Wink seines Herrn beachtet, auf jede Entfernung durch Armhochheben oder Trillerpfiff zum Niedergehen veranlasst wird, sich am Hasen halten lässt, sich beim Bringen ohne Befehl setzt usw., kurz, ein gehorsamer Hund, wird immer eine relativ hohe Zensur in Führigkeit erhalten.

Der Richter ist kaum in der Lage, während der kurzen Prüfung festzustellen, ob die gezeigte Führigkeit auf natürlicher Anlage beruht oder nur eine Folge besonders sauberer und fleißiger Gehorsamsausbildung ist. Insofern darf nach der Sinnhaftigkeit einer (nach der VJP) nochmaligen Prüfung der Führigkeit auf der HZP gefragt werden.

Tritt man als Hundeführer mit einem gehorsamen Hund an der Prüfung an, braucht man sich um die Beurteilung der Führigkeit keine großen Sorgen zu machen.

Nach dem Ausgeben behält der Führer die gebrachte Ente in der Hand, während der Hund ruhig sitzen bleibt.

Die Arbeitsfreude

Bestmöglich entwickelte, hohe jagdliche Anlagen, vor allem bezüglich Suche, Spurarbeit und Wasserarbeit, sind immer mit großer Arbeitsfreude verbunden. Der größte Teil der jagdlich gezüchteten Hunde ist anlagebedingt arbeitsfreudig. Geprüft wird die Arbeitsfreude in allen Fächern der HZP.

Mängel der Arbeitsfreude haben meistens ihre Ursache in unsachgemäßer Behandlung. Vorübergehende Minderungen der Arbeitsfreude lassen sich infolge von Auseinandersetzungen zwischen Herr und Hund während der anspruchsvollen Ausbildung kaum vermeiden. Sie müssen vielmehr notwendigerweise hingenommen werden, wenn der Hund kompromisslose Unterordnung lernen soll. Deshalb hat der Führer darauf zu achten, dass eine solche Auseinandersetzung nicht erst kurz vor der Prüfung eintritt.

Und »Hopp«: Zunächst steigt der Führer zusammen mit dem angeleinten Hund über die Hürde.

Bei sachgemäßer Ausbildung tritt eine ernste Auseinandersetzung nur im Laufe der Grundausbildung (Stubendressur) auf, also normalerweise viele Monate vor der Herbst-Zucht-Prüfung. Sie ist dann zur Zeit der Prüfung längst vergessen. Ein großer Vorteil der zwangsweisen Grundausbildung liegt darin, dass bei der Führung im Revier verhältnismäßig wenig Schwierigkeiten auftreten, weil der Hund ein für alle Mal den unbedingten Gehorsam gelernt und die Zwecklosigkeit eines Handelns gegen den Willen seines Herrn verinnerlicht hat. Ernste, die Arbeitsfreude hemmende Auseinandersetzungen kommen daher bei der Führung kaum vor.

Die Erfahrung lehrt, dass bei der Gehorsamsausbildung am Wild die Arbeitsfreude niemals für längere Zeit leidet, wenn der Hund eine solide Grundausbildung hinter sich hat. Der Führer, der nicht den Fehler macht, bei der Führung etwas erzwingen zu wollen, was er bei der Abrichtung versäumt hat, braucht keine Sorge zu haben, dass der Hund an Arbeitsfreude einbüßt. Körperliche und seelische Ermüdung setzen die Arbeitsfreude natürlich herab. Darum sollte man dem Hund vor der Prüfung einige Tage Ruhe gönnen.

Besonders offensichtlich kommt die Arbeitsfreude bei der Suche, der Spurarbeit, der Wasserarbeit und beim Bringen zum Ausdruck. Bei letzterem ist der Einfluss des Führers groß, das heißt, ein im Grunde arbeits- und bringfreudiger

Hund kann durch falsche Behandlung zu einem lustlosen, schlechten Apporteur erzogen werden. Umgekehrt ist der Abrichter und Führer durchaus in der Lage, einen Hund, der von Natur aus widerwillig bringt, zu einem leidenschaftlichen Bringer zu erziehen. Beide lernen sie in der Grundabrichtung das Bringen unter Zwang. Während der Abrichter jedoch beim Apportiernarr mit dem Lob sparsam umgeht und sein ganzes Augenmerk auf Korrektheit richtet, wird der von Natur aus lustlos bringende Hund bei jeder Apportierarbeit ganz besonders gelobt.

Freude am Bringen fördern

Die Freude am Bringen lässt sich in besonderer Weise durch das Bringen über eine Hürde fördern. Nach wenigen Übungen überfällt nahezu jeder Hund gern und freudig auf »Hopp« die angebotene Hürde. Die Hürde ist eine auf etwa 2 × 3 m fest umzäunte Fläche, dessen höhenvariabler Einsprung zunächst nur 40 Zentimeter hoch gestellt und allmählich auf gut einen Meter erhöht wird. Sobald der Hund dieses Springen auf den Befehl »Hopp« gelernt hat, findet er außerordentlichen Spaß daran. Man kann den Hund jetzt öfter leichte Gegenstände über die Hürde bringen lassen. So wird erstaunlich schnell aus dem unlustigen Bringer ein freudiger Arbeiter. So jagdfremd es sein mag, das »Bringen über Hindernis« auf den Verbandsgebrauchsprüfungen ausgerechnet an einer Hürde zu prüfen – solche Hindernisse kommen in der Praxis kaum vor – so zweckmäßig und unentbehrlich ist diese Hürde bei der Einarbeitung der Hunde zum freudigen Bringen.

Mit ausgeprägter Freude bringt der Hund den hölzernen Apportierbock über das höhenverstellbare Hindernis. So wird auch aus einem Apportiermuffel ein freudiger Bringer.

Art des Jagens

Auf die Bedeutung des Lautjagers für den praktischen Jagdbetrieb ist im Zusammenhang mit der Vorbereitung auf die Verbands-Jugend-Prüfung bereits eingegangen (siehe Seite 58). Es gibt aber noch einen weiteren wichtigen Aspekt, der sich aus dem Tierschutzgedanken ergibt. So lässt sich bei Stöberjagden immer wieder beobachten, wie überlegen-souverän sich das Schalenwild im Wald vor dem auf der Fährte laut jagenden Hund bewegt. Demgegenüber verhält sich das Wild vor dem stumm folgenden Hund in hohem Maße verunsichert, das heißt, es zeigt deutlich panikartige Verhaltensweisen. Das lässt den Schluss auf eine hohe Stressbelastung zu, die es nach Möglichkeit zu vermeiden gilt.
Die Förderung des Lautes beim Jagen ist in der Zeit zwischen der Jugend- und der Herbstzuchtprüfung kaum möglich. Es ist aber Sache des Führers, die Anlage des Hundes zu erhalten beziehungsweise zu fördern.

Vor dem fährtenlaut jagenden Hund entzieht sich das Wild ohne Panik dem Verfolger.

Hunde, die sich in ihrer Entwicklung bei der Hetze selbst überlassen bleiben, lassen im Allgemeinen später im Laut nach. Insbesondere wird man beobachten können, dass die im Frühjahr noch spurlauten Hunde oft im Laufe des Sommers den Spurlaut verlieren (jedenfalls im Feld) und nur noch sichtlaut jagen, und solche Hunde, die früher anhaltend sichtlaut hetzten, jetzt nur noch kurz laut werden oder auch stumm hetzen. Sicher trägt zu dieser Lautmüdigkeit auch die Witterung bei; an heißen, schwülen Tagen, wo schon die Bewegung an sich eine Anstrengung bedeutet, ist der Hund weniger lautfreudig als an kühlen Tagen.

Der Hauptgrund für das Nachlassen des Lautes liegt erfahrungsgemäß aber woanders. Der Laut ist unter anderem ein Ausdruck der Jagdleidenschaft. Ein viel geführter Hund, der uneingeschränkt Gelegenheit zur Hasenhetze hat, verliert an Folgedrang und verringert seine Lautfreudigkeit. Zur Erhaltung des Lautes ist es daher nötig, dem Hund auch die Spur- und Hetzfreudigkeit zu erhalten.

Der Weg dorthin führt über den Gehorsam am Hasen (siehe Seite 89 ff.). Damit ist der Führer in der Lage, Spurarbeiten und Hetzen so einzuschränken, dass die Leidenschaft nicht nur voll erhalten bleibt, sondern in den meisten Fällen noch vergrößert wird. Damit bleibt auch die gegebene Anlage des Hundes zur Lautäußerung erhalten.

Die Führung bei der Prüfung

Fast alles, was über diesen Punkt zu der Verbandsjugendprüfung gesagt ist (siehe Seite 71 f.), gilt auch für die Herbstzuchtprüfung. Die wichtigsten Regeln werden nachfolgend noch einmal wiederholt:

- In den letzten Tagen vor der Prüfung wird mit dem Hund nicht mehr gearbeitet, Reviergänge dienen allein der normalen Bewegung des Hundes.
- Das Futter sollte gehaltvoll sein. Das bedeutet aber keine grundsätzliche plötzliche Ernährungsumstellung. Ein relativ hoher Eiweißanteil ist sinnvoll.
- Am Morgen der Prüfungstage bleibt der Hund nüchtern.
- Kurz vor Beginn der Arbeit sollte dem Hund noch einmal Gelegenheit zu einem kurzen Auslauf gegeben werden, damit er sich gründlich lösen kann.
- Der Hund wird am Prüfungstag gleich behandelt wie an jedem anderen Übungs- oder Jagdtag.
- Während der Prüfung bleibt der Führer in der Nähe der Richter, ohne sie zu stören oder gar deren Gespräche zu hören.
- Bei mehrtägiger Prüfung gilt nach Abschluss an jedem Prüfungstag die erste Sorge dem Hund, ihn zu füttern und ungestört ruhen zu lassen. Das Herumziehen mit dem Hund in Lokalen ist seinem Wohlbefinden nicht förderlich.

Nach dem Verlorensuchen im deckungsreichen Gewässer bringt der Hund die gefundene Ente dem konzentriert wartenden Führer.

Empfehlungen zu einigen Prüfungsfächern

- Vor der Schleppe, die eine reine Gehorsams- und Ausbildungsangelegenheit ist, ist es vor allem beim feurigen Hund richtig, ihn kurz und korrekt ein- oder zweimal »Halt« machen zu lassen, ihn gewissermaßen zu disziplinieren. Er wird dadurch nochmals daran erinnert, dass er »im Dienst« ist und sich nach seinem Herrn zu richten hat.

- Wenn der Hund mit dem Stück Wild zurückkommt, sollte der Führer sich mit stetem Blick zum Hund seitlich weg bewegen, sodass sich aus der Sicht des Hundes keine anderen Menschen im Hintergrund befinden. Der Hund erkennt dann als guter Bewegungsseher eindeutig seinen Rudelchef und strebt zügig auf ihn zu. Dabei bedarf es keiner theatralischen »Windmühlen«-Bewegungen mit den Armen.

Bedeutung der Spurarbeit

Bei der Mehrzahl der angebotenen Herbst-Zucht-Prüfungen wird leider auf die Spurarbeit verzichtet. Es ist jedem auch nur wenig erfahrenen Führer klar, dass eine Vorbereitung allein auf die HZP ohne Spur erheblich geringeren Anforderungen entspricht, in der Folge mit allen Nachteilen im Hinblick auf das praktische Jagen. Die Grundlage des guten Verlorenbringers ist die sorgfältige Ausbildung zur Spurarbeit, die über das erste Frühjahr hinausgehen muss.

- Der Hund soll frei und selbstständig suchen. Die Erziehung zur Planmäßigkeit und zum Beachten der Bewegungen des Führers hat Monate und Wochen vorher zu erfolgen, während der Prüfung ist es zu spät. Je entspannter der Hund sucht, desto besser ist der Eindruck auf die Richter. Häufiges Rufen und Pfeifen wirkt sich immer abträglich aus, selbst dann, wenn der Hund auf die Lautzeichen jedes Mal reagieren sollte. Der anspruchsvolle Führer kommt mit wenigen Kommandos aus.

- Es ist sinnvoll, den Hund während der Prüfung gelegentlich einmal herein zu pfeifen, ihn kurz sitzen zu lassen und dann wieder zum Suchen zu schicken. Das unterstützt den guten Eindruck hinsichtlich des Gehorsams und schließlich auch der Führigkeit. Auch das »Halt« per Trillerpfiff auf weite Entfernung ist von ähnlicher Wirksamkeit.

- Die Spurarbeit ist für die Hunde eine wesentlich größere Klippe als die reine Feldarbeit. Beim ersten gefundenen Hasen während der Feldsuche sollte der Hund per »Halt« an seinen Platz gebannt werden. Sobald der Hase außer Sicht ist, fordert man den Hund zur Spurarbeit auf. Die Disziplinierung einerseits und der angestaute Folgetrieb andererseits ergänzen sich dann zu einer positiven Verhaltensweise auf der Hasenspur.

- Vom Prüfungsgewässer sollte der Hund während der Wartezeit bis zum eigenen Einsatz ferngehalten werden. Er wird dann durch vorangegangene Beobachtungen hinsichtlich eigener Aufgabenerfüllung nicht irritiert und arbeitet souveräner.

Der Hase steht im zentralen Interesse im Rahmen der Anlagenprüfung und Gehorsamsausbildung von Jagdgebrauchshunden.

Zehn Gebote zur Führung des Gebrauchshundes bei der Jagd

1 Der Gehorsam des Hundes ist Voraussetzung für gute und erfolgreiche Arbeit auf der Jagd. Im Rahmen der Ausbildung des Jagdgebrauchshundes steht er deshalb im Vordergrund.

2 Der Gehorsam wird am sichersten durch »Halt«-Übungen erreicht. Das schnelle und zuverlässige Haltmachen ist das A und O bei der Abrichtung und Führung. Der Hund muss auf Zuruf, Trillerpfiff oder Handhochheben wie ein Taschenmesser zusammenklappen. Das kann ohne Zeitverlust das ganze Jahr über zu Hause und im Revier geübt werden.

3 Für jede Aufgabe ist stets ein eigenes Kommando zu verwenden. Zu jedem Kommando (Lautzeichen) gehört eine Geste (Sichtzeichen), ausgenommen beim »Laaass«.

4 Niemals einen Befehl geben, den der Hund nicht kennt oder nicht ausführen kann. Bei jedem Befehl ist auf unverzügliche und genaueste Ausführung zu achten. Es darf nicht vorkommen, dass ein verstandener Befehl vom Hund nicht ausgeführt wird.

5 Ehe man dem Hund gebrachtes Wild abnimmt oder ihn anleint, muss er jedes Mal vorschriftsmäßig »Sitz« machen.

6 Nie auf einen Hund zu gehen, der sich nicht anleinen lassen will. Dadurch würde man nur die Handscheue fördern. Den Hund vorher »Halt« machen lassen oder selbst einige Schritte zurückgehen. Beim Anleinen sollte der Führer immer gelassen und freundlich bleiben.

7 Im Revier arbeitet der Hund entweder unter der Aufsicht des Hundeführers oder er geht bei Fuß. Ein unkontrolliertes Herumbummeln, und seien es nur zehn Schritte, wird nicht geduldet.

8 Nie einen Hund strafen, der noch nicht angeleint ist. Gestraft wird er nur, wenn er einen verstandenen Befehl nicht ausführt, nicht aber, weil er beispielsweise einen Junghasen greift oder Wild hetzt.

9 Einen Hund nie zum Bringen eines kranken Hasen schnallen, solange er den Hasen noch äugt, weil er dadurch als Verlorenbringer verdorben wird. Vorher lässt man ihn noch zwei bis drei Minuten »Halt« machen und setzt ihn dann ruhig am Anschuss an.

10 Mit dem Hund sollte insbesondere auch kommuniziert werden, solange er nicht arbeitet. Das fördert die gemeinsame Verbindung. Wichtig: Das jagdliche Können und die jagdliche Auffassung des Führers werden überall nach dem Können und der Leistung seines Hundes bewertet werden.

Die innigliche Verbundenheit zwischen dem Jagdgebrauchshund und seinem Führer ist die Grundlage aller Erfolge.

Bewertungsbögen für VJP und HZP

Die detaillierte Bewertung des Hundes bei den Anlagenprüfungen wird auf der entsprechenden Zensurentafel, einem Formblatt des Jagdgebrauchshundverbandes e. V. (JGHV), dokumentiert. Die Zensurentafel muss schließlich vom Prüfungsleiter und von mindestens drei Verbandsrichtern der Prüfungsgruppe unterschrieben werden. Die Unterschriften sind zudem anhand der Verbandsrichter-Nummer (VR-Nr.) zu identifizieren. Der JGHV führt eine stets zu aktualisierende Verbandsrichter-Liste, aus der die VR-Nr. entnommen werden kann. Während eine Reihe der Eintragungshinweise auch für den Neuling in der Jagdhundeführung selbsterklärend sind, sollen andere im Hinblick auf ihre Fachbedeutung etwas näher kommentiert werden. Die inhaltliche Grundlage der Zensurentafeln ist die aktuell gültige Ordnung für Verbandszuchtprüfungen (VZPO), zuletzt 2011 durch Beschluss der JGHV-Hauptversammlung novelliert.

Die Prüfungsordnungen des JGHV sehen als Differenzierung der Bewertung in der Regel zunächst eine Prädikatseinteilung vor. Wie aus den Formblättern am linken Rand ersichtlich, sind das in der VZPO die Prädikate »hervorragend«, »sehr gut«, »gut«, »genügend« und »nicht genügend«. Seit 1975 besteht für die Anlagenprüfungen VJP und HZP ein 12-Punkte-(Arbeitspunkte-)System. Die Aufteilung der Arbeitspunkte auf die Prädikate ist in beiden Formblättern dargestellt. Wurde der Hund in einem Fach nicht geprüft, wird für das Fach unter Arbeitspunkte ein Querstrich gemacht.

Für jedes zu benotende Fach ist eine Fachwertziffer festgelegt, womit dessen Bedeutung im Vergleich aller Fächer ausgedrückt ist. Das Produkt aus Arbeitspunkte und Fachwertziffer ergibt die Wertungspunkte für das jeweilige Fach. Deren Summe ist schließlich die Gesamtpunktzahl.

Zensurentafel für VJP

Das Prädikat »hervorragend« (12 Arbeitspunkte) kann nur für die Fächer Spurarbeit und Nasengebrauch erteilt werden. Für Suche, Vorstehen und Führigkeit ist das Prädikat »sehr gut« mit maximal 11 Arbeitspunkten möglich. Bei der Schussfestigkeitsprüfung wird nicht benotet, sondern lediglich festgestellt, ob der Hund im Sinne der Prüfungsordnung schussfest ist beziehungsweise welcher Grad der Schussempfindlichkeit vorliegt.

Der Gehorsam wird bei der VJP, der im Übrigen reinen Anlagenprüfung, lediglich dahingegen abgefragt, ob der Hund sich, ohne durch Wild abgelenkt zu sein, hinreichend lenken lässt, ohne seine Durchprüfung infrage zu stellen. Die Frage ist bei der VJP insofern nur mit ja oder nein zu beantworten.

Bezüglich der Art des Jagens wird auf die Ausführungen S. 58 verwiesen. Der Eintrag »fraglich« erfolgt, wenn der Hund nicht spurlaut ist und für eine Sichthetze keine Gelegenheit gegeben war. Der Nachweis kann auf Anlagen-

Formblatt 3
Stand 2012-1

Jagdgebrauchshundverband e.V.

Zensurentafel für Verbands-Jugend-Prüfung (VJP)

Verein: ______________________ EDV-Nr.: ____________

Prüfungsort: ______________________ Prüfungsdatum: ____________

Führer: ______________________ PLZ: ________ Wohnort: ____________

Name des Hundes: ______________________ gew.: ____________ ☐ Rüde ☐ Hündin

Rasse: ______________________ ZB-Nr.: ____________ DGStB-Nr.: ____________

Mutter: ______________________ ZB-Nr.: ____________ DGStB-Nr.: ____________

Vater: ______________________ ZB-Nr.: ____________ DGStB-Nr.: ____________

Art des Jagens:
- ☐ spurlaut
- ☐ sichtlaut
- ☐ fraglich
- ☐ stumm
- ☐ waidlaut

Laut an anderem Haarwild:

____

____

____

____
Unterschrift Prüfungsleiter

	Arbeits-punkte	Fach-wertziffer	= Wertungs-punkte
1. Spurarbeit (Hase oder Fuchs)		2	
2. Nasengebrauch		2	
3. Suche		1	
4. Vorstehen		1	
5. Führigkeit		1	

6. Schußfestigkeit: ☐ schußfest ☐ leicht schußempf. ☐ schußempf. ☐ stark schußempf. ☐ schußscheu

Gesamtpunktzahl:

Gehorsam: ☐ ja ☐ nein

Feststellungen zu besonderen Verhaltensweisen:

Scheue oder Ängstlichkeit:

☐ nicht feststellbar ☐ scheu ☐ schreckhaft ☐ nervös ☐ handscheu

☐ Scheue bei lebendem Wild ☐ ängstliche Haltung gegen Fremde andere Mängel: ____________

Körperliche Mängel:

Gebiß: ☐ ohne Mängel ☐ Zangengebiß ☐ Kreuzgebiß ☐ Vorbeißer ☐ Rückbeißer

Prämolarfehler: ____________ Molarfehler: ____________ andere Zahnfehler: ____________

Augen: ☐ ohne Mängel ☐ Entropium ☐ Ektropium andere Augenfehler: ____________

Hodenfehler: ____________

Andere grobe körperliche Mängel: ____________

Nicht bestanden - Grund des Ausscheidens (in Worten beschreiben): ____________

Bestanden mit ______ **Punkten**

Prüfungsleiter	Richter (RO)	Richter	Richter
VR-Nr.:	VR-Nr.:	VR-Nr.:	VR-Nr.:

hervorragend = 12 Punkte | sehr gut = 9, 10, 11 Punkte | gut = 6, 7, 8 Punkte | genügend = 3, 4, 5 Punkte | nicht genügend = 2, 1, 0 Punkte | nicht geprüft = —

prüfungen nur am Hasen oder Fuchs erbracht werden. Es wird allerdings zusätzlich vorgemerkt, wenn der Hund an anderem Haarwild laut jagt. Das hat mit der VJP nicht unmittelbar zu tun, sondern es würde ein Zulassungskriterium für eine spätere Verbands-Schweiß-Prüfung erfüllt. Der Vermerk ist überflüssig, wenn der Hund auf der VJP nachweist, dass er sicht- oder spurlaut ist.

Zensurentafel für HZP

In der Ordnung für die Verbands-Herbstzuchtprüfung ist einleitend ausgeführt: »Bei der HZP steht die Feststellung der Entwicklung der natürlichen Anlagen des Junghundes auf seine Eignung und zukünftige Verwendung im vielseitigen Jagdgebrauch und als Zuchthund im Vordergrund. Die Ausbildung des Jagdhundes in der Feld- und Wasserarbeit soll zu dieser Zeit im Wesentlichen abgeschlossen sein.« Dementsprechend sind die Prüfungsfächer in Anlagefächer und Abrichtefächer unterteilt.

Alle Anlagefächer der VJP sind unter anderen auch Gegenstand der HZP, allerdings mit der Einschränkung, dass neben der deutlich anspruchsvolleren HZP mit Spur auch die HZP ohne Spur möglich ist. Der weitaus größere Teil der Veranstalter entscheidet sich für die letztere, wesentlich einfachere HZP. Im Kontext zu der Regelung werden die Wertungspunkte für die Spurarbeit als »Zusatzpunkte« geführt.

Die Arbeitsfreude ist ein weiteres Anlagefach, das gleichgewichtig bei der Feld- und Wasserarbeit beurteilt wird.

Zudem ist das Stöbern mit (lebender) Ente im deckungsreichen Gewässer ein wichtiges Anlagefach der HZP. Bei der Prüfung am Wasser kommt es an dritter Stelle, wenn Schussfestigkeit und Verlorensuche erfolgreich abgeschlossen sind. Grundsätzlich ist nur die einmalige (erfolgreiche) Prüfung mit der lebenden Ente erlaubt. Deshalb steht im Zeugnisformular »oder Stöbern mit Ente lt. beil. Zeugnis«, dessen aufgeführte Beurteilung bei einer vorangegangenen HZP übernommen wird. Schließlich ist die Schussfestigkeits-Feststellung am Wasser ein Anlagetest. Sie erfolgt stets zu Beginn der Prüfung am Wasser.

Die Abrichtefächer sind auf dem Formblatt mit dem Verlorensuchen im deckungsreichen Gewässer eingeleitet, das stets an zweiter Stelle am Wasser geprüft wird, wenn der Schussfestigkeits-Test erfolgreich abgeschlossen ist. Unter Verlorensuchen von Federwild kommt heutzutage in der Regel nur die Federwildschleppe zum Tragen. Für die Arbeit am geflügelten oder Verlorensuchen von (heruntergeschossenem) Federwild gibt es lediglich noch vereinzelte Gelegenheiten. Bezüglich Federwild- und Haarwildschleppe sowie Art des Bringens der verschiedenen Wildarten wird auf die Ausführungen S. 99 ff. verwiesen.

Der Gehorsam (ohne Wildberührung!) wird bei der HZP im Gegensatz zur VJP differenziert mit Arbeitspunkten benotet.

12 Arbeitspunkte können nur für die Anlagefächer Spur, Nasengebrauch und Stöbern mit Ente erteilt werden, für die Abrichtefächer gibt es maximal 10 Punkte.

Jagdgebrauchshundverband e.V.

Formblatt 5
Stand 2012-1

Zensurentafel für Verbands-Herbstzucht-Prüfung (HZP)

Verein: ______ EDV-Nr.: ______

Prüfungsort: ______ Prüfungsdatum: ______

Führer: ______ PLZ: ______ Wohnort: ______

Name des Hundes: ______ gew.: ______ ☐ Rüde ☐ Hündin

Rasse: ______ ZB-Nr.: ______ DGStB-Nr.: ______

Mutter: ______ ZB-Nr.: ______ DGStB-Nr.: ______

Vater: ______ ZB-Nr.: ______ DGStB-Nr.: ______

Art des Jagens:
☐ spurlaut
☐ sichtlaut
☐ fraglich
☐ stumm
☐ waidlaut

Laut an anderem Haarwild:

______

Unterschrift Prüfungsleiter

Schußfestigkeit:
☐ schußfest
☐ leicht schußempf.
☐ schußempf.
☐ stark schußempf.
☐ schußscheu

Wasserarbeit: schußfest
☐ ja ☐ nein

Anlagefächer	Arbeits-punkte	Fach-wertziffer	= Wertungs-punkte	Zusatz-punkte Spur
1. Spurarbeit (Hase oder Fuchs) - Zusatzpunkte		3		
2. Nasengebrauch		3		
3. Suche		2		
4. Vorstehen		2		
5. Führigkeit		2		
6. Arbeitsfreude		1		Summe Anlagefächer -o. Spur -
7. Wasserarbeit b) 1. Stöbern m. Ente im deckungsreichen Gewässer; 2. ☐ oder Stöbern m. Ente lt. beil. Zeugnis ______		3		
Abrichtefächer				
7. Wasserarbeit a) Verlorensuchen im deckungsreichen Gewässer		1		
8. Verlorensuchen von Federwild a) Arbeit am geflügelten Huhn (Fasan) oder		1		
b) Verlorensuchen und -bringen von Federwild oder		1		
c) Bringen auf der Federwildschleppe		1		
9. Haarwildschleppe		1		
10. Art des Bringens a) Hase oder Kanin ______ b) Ente ______ c) Federwild ______ Durchschnittsnote a-c		1		Summe Abrichtefächer
11. Gehorsam		1		
	Gesamtpunktzahl (einschl. Zusatzpunkte Spurarbeit)			

Feststellungen zu besonderen Verhaltensweisen:

Scheue oder Ängstlichkeit:
☐ nicht feststellbar ☐ scheu ☐ schreckhaft ☐ nervös ☐ handscheu
☐ Scheue bei lebendem Wild ☐ ängstliche Haltung gegen Fremde andere Mängel: ______

Körperliche Mängel:
Gebiß: ☐ ohne Mängel ☐ Zangengebiß ☐ Kreuzgebiß ☐ Vorbeißer ☐ Rückbeißer
Prämolarfehler: ______ Molarfehler: ______ andere Zahnfehler: ______
Augen: ☐ ohne Mängel ☐ Entropium ☐ Ektropium andere Augenfehler: ______
Form und Haarwert (nur für Zuchtvereine): ______
Hodenfehler: ______ andere grobe körperliche Mängel: ______

Nicht bestanden - Grund des Ausscheidens (in Worten beschreiben): ______ **Bestanden mit** ______ **Punkten**

______

Prüfungsleiter	Richter (RO)	Richter	Richter
VR-Nr.:	VR-Nr.:	VR-Nr.:	VR-Nr.:

hervorragend = 12 Punkte | sehr gut = 9, 10, 11 Punkte | gut = 6, 7, 8 Punkte | genügend = 3, 4, 5 Punkte | nicht genügend = 2,1,0 Punkte | nicht geprüft = —

vom JGHV autorisiert

Stichwortverzeichnis

Adressen

Jagdgebrauchshundeverband e.V.
Triftstraße 22
37327 Leinefelde-Worbis
Tel.: 03605/5461697
Fax: 03605/5461698
E-Mail: schafberg@jghv.de
www.jghv.de

Der JGHV ist die Dachorganisation der Jagdgebrauchshund-, Prüfungs- und Zuchtvereine sowie der Landesjagdverbände und ihrer Gliederungen in Deutschland. Im Vordergrund steht die Festsetzung gemeinsamer Prüfungsordnungen und Richtlinien für das Heranbilden und Ernennen der Verbandsrichter sowie die Führung des Deutschen Gebrauchshundstammbuches (DGStB) als Leistungsstammbuch.

Deutscher Jagdverband e. V. (DJV)
Friedrichstraße 185/186
10117 Berlin
Tel.: 030/20913940
Fax: 030/209139430
E-Mail: djv@jagdverband.de
www.jagdnetz.de

Der DJV ist die Vereinigung der deutschen Landesjagdverbände für den Schutz von Wild, Jagd und Natur.

Begleitliteratur

Tabel, Carl: *Der Jagdgebrauchshund – Erziehen, Abrichten, Führen.* BLV 2010

Tabel, Uwe: *Auf der Schweißfährte.* Kosmos 2012

Berlowitz, Dina; Weidt, Heinz: *Spielend vom Welpen zum Hund – Leitfaden für die Entwicklung des jungen Hundes.* Naturbuch Verlag 2000

Berlowitz, Dina; Weidt, Heinz: *Das Wesen des Hundes.* Augustus 2001

Weißgerber, Diana: *Welpenschule – der gemeinsame Weg durch's erste Jahr.* Holisticvet 2006

Uhde, Heinrich: *Das Jagdgebrauchshundewesen.* Neumann-Neudamm, Melsungen 2009

Zuschneid, Karl: *Die Riechleistung des Hundes* (Dissertation), Berlin Journal-Nr. 810, 1973

Jagdgebrauchshundverband: *Ordnung für Verbandszuchtprüfungen (VZPO).* Uwe-Groß-Versand Braunschweig 2010

Trumler, Eberhard: *Mit dem Hund auf du: Zum Verständnis seines Wesens und Verhaltens.* Piper 14. Aufl. 1995

Trumler, Eberhard: *Das Jahr des Hundes.* Kynos 1985

Lorenz, Konrad: *So kam der Mensch auf den Hund.* dtv 42. Aufl. 2011

Lorenz, Konrad: *Er redete mit dem Vieh, den Vögeln und den Fischen.* Piper 10. Aufl. 1988

Zimen, Erik: *Der Hund: Abstammung – Verhalten – Mensch und Hund.* Goldmann 2010

Über die Autoren

Carl Tabel (1897–1993) war dem Hund von Kindesalter an sehr eng verbunden. Als Jugendlicher war er bereits Jäger, vor allem Jäger mit dem Hund – und das ist er sein langes Leben lang geblieben.
Er führte Vorstehhunde verschiedener Schläge sowie Fox- und Jagdterrier. 1941 begründete er seinen Deutsch-Drahthaar-Zwinger »vom Kanonenturm«. 1931 bis 1945 gehörte er dem Vorstand des Vereins Deutsch-Drahthaar an, war in den beiden letzten Kriegsjahren dessen 1. Vorsitzender. Nach dem Krieg widmete er sich insbesondere der Durchführung und Fortentwicklung von Jagdhunde-Führerlehrgängen, gehörte als Vertreter der Jagdgebrauchshundvereine dem erweiterten JGHV-Präsidium an und war maßgeblich an der Entwicklung des JGHV-Prüfungswesen und an entsprechenden JGHV-Seminaren beteiligt.
Schriftstellertätigkeit: »Der Jagdgebrauchshund«, »Der Gebrauchshund-Jährling«, »13 meiner besten Hunde« sowie mehr als 800 Beiträge in jagdlichen und jagdkynologischen Fachblättern. Mit der Begründung der Zeitschrift des JGHV »Der Jagdgebrauchshund« 1965 war er deren Schriftleiter. Zudem war er jagdkynologischer Schriftleiter für »Der Deutsche Jäger«, später »Die Pirsch«.
1973 wurde Dr. Carl Tabel das Bundesverdienstkreuz 1. Klasse verliehen.

Uwe Tabel (*1938), pensionierter Forstamtsleiter und Abteilungsleiter der rheinland-pfälzischen forstlichen Forschungsanstalt, ist seit 1955 Jagdscheininhaber und seit 1958 als Verbandsrichter tätig.
Seit 1953 führt er Jagdhunde, Vorstehhunde verschiedener Schläge sowie Jagdterrier und Rauhaarteckel und übernahm 1969 von seinem Vater den Deutsch-Drahthaar-Zwinger »vom Kanonenturm«.
Er war Mentor bei diversen Lehrgängen für Jagdhunde und ihre Führer und von 1983 bis 2010 als Vertreter der Jagdgebrauchshundvereine Mitglied des erweiterten JGHV-Präsidiums. Im JGHV widmet er sich vor allem der Entwicklung der Verbands-Prüfungs-Ordnungen und der Richterfortbildung. Seit 1970 betreut er das Richterwesen in der Gruppe Mittelrhein des VDD. Zusätzlich war bzw. ist er für den Landesjagdverband Rheinland-Pfalz als Obmann für das Jagdgebrauchshundewesen in der Kreisjägerschaft, LJV-Kreisgruppenvorsitzender und Referent bei jagdkynologischen Seminaren des LJV tätig.
Schriftstellertätigkeit: Buch »Auf der Schweißfährte« sowie diverse Beiträge für jagdkynologische und jagdliche Fachblätter.

Bildnachweis

Brachat, Axel: Seiten 1, 2/3, 7, 8, 12, 16 oben und Mitte, 17, 19 links, 20, 21, 22, 24, 25, 29, 30/31, 32, 36, 38, 39, 40, 41, 42, 45, 46, 47, 48, 50, 53, 55, 59, 63, 66, 68, 69, 73, 74/75, 77, 79, 80, 81, 82, 85, 86, 87, 88 links, 95, 99, 100, 104, 105, 110, 112, 113 unten, 114, 115, 116, 117, 120, 121, 122, 129, 131, 133
Fett, Daniela: Seite 128
König, Anke: Seite 18
Laudien, Christa: Seite 10
Tabel, Uwe: Seiten 11, 13, 15, 16 unten, 17, 19 rechts, 23, 26, 27, 61, 88 rechts, 89, 90, 91, 103, 107, 108, 113 oben, 123, 124, 125, 126, 127

Impressum

Bibliografische Information der Deutschen Nationalbibliothek

Die Deutsche Nationalbibliothek verzeichnet diese Publikation in der Deutschen Nationalbibliografie; detaillierte bibliografische Daten sind im Internet über http://dnb.d-nb.de abrufbar.

BLV Buchverlag GmbH & Co. KG
80797 München

Umschlaggestaltung: Kochan & Partner, München
Umschlagfotos: Axel Brachat

Herstellung: Ruth Bost
Layoutkonzept Innenteil: Kochan & Partner, München
DTP: Satz+Layout Fruth GmbH, München

Gedruckt auf chlorfrei gebleichtem Papier

Printed in Germany
ISBN 978-3-8354-1207-1

Hinweis
Das vorliegende Buch wurde sorgfältig erarbeitet. Dennoch erfolgen alle Angaben ohne Gewähr. Weder Autor noch Verlag können für eventuelle Nachteile oder Schäden, die aus den im Buch vorgestellten Informationen resultieren, eine Haftung übernehmen.